U0141303

動態與視覺特效認證指南
After Effects CC
| 視傳設計領域 |

Ae

如何使用本書

一、本書內容

- ◆ Chapter 1　觀念與功能說明：
  說明動態與視覺特效觀念與 After Effects CC 功能應用。

- ◆ Chapter 2　動態與視覺特效認證篇 After Effects CC：
  可供讀者依學習進度做平常練習及學習效果評量使用。

- ◆ Chapter 3　動態與視覺特效實務認證篇 After Effects CC：
  可供讀者依學習進度做平常練習及學習效果評量使用。

- ◆ Chapter 4 系統安裝及操作說明：
  教導使用者安裝操作本書所附的範例題目練習系統，並介紹 TQC+ 視傳設計領域 動態與視覺特效 After Effects CC 及 TQC+ 視傳設計領域 動態與視覺特效實務 After Effects CC 認證之模擬測驗操作與實地演練，加深讀者對此測驗的瞭解。

　　本書章節如此的編排，希望能使讀者儘速瞭解並活用本書，進而通過 TQC+ 的認證考試！

二、本書適用對象

- ◆ 學生或初學者。

- ◆ 準備受測者。

- ◆ 準備取得 TQC+ 專業設計人才證照者。

三、本書使用方式

　　請依照下列的學習流程，配合本身的學習進度，使用本書之範例題目進行練習，從作答中找出自己的學習盲點，以增進對該範圍的瞭解及熟練度，最後進行模擬測驗，藉以評估自我實力是否可以順利通過認證考試。

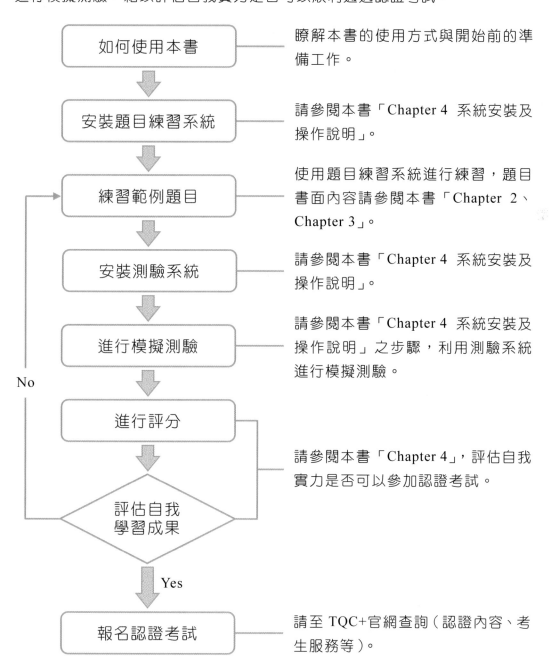

瞭解本書的使用方式與開始前的準備工作。

請參閱本書「Chapter 4 系統安裝及操作說明」。

使用題目練習系統進行練習，題目書面內容請參閱本書「Chapter 2、Chapter 3」。

請參閱本書「Chapter 4 系統安裝及操作說明」。

請參閱本書「Chapter 4 系統安裝及操作說明」之步驟，利用測驗系統進行模擬測驗。

請參閱本書「Chapter 4」，評估自我實力是否可以參加認證考試。

請至 TQC+官網查詢（認證內容、考生服務等）。

軟硬體需求

使用本書系統提供之「TQC+ 認證範例題目練習系統」、「TQC+ 認證測驗系統」，需要的軟硬體需求如下：

一、硬體部分

- 處理器：8 核心或以上等級

- 記憶體：16GB（含）以上

- 硬　碟：安裝需要 16GB 以上可用硬碟空間

- 鍵　盤：標準鍵盤

- 滑　鼠：USB Mouse

- 耳　機：建議配置 3.5mm 耳機

- 螢　幕：具有 1920 * 1080 像素解析度

- 顯示卡：4GB 或更多的 GPU 記憶體，詳情需依 Adobe 官方公告需求配置

- 僅適用 IBM/PC 裝置

二、軟體部分

- 作業系統：Microsoft Windows 10、Microsoft Windows 11 以上之中文版。

- 應用軟體：Adobe After Effects CC (23.0)、Adobe Photoshop CC、Adobe Illustrator CC。

商標及智慧財產權聲明

商標聲明

- CSF、TQC、TQC+和 ITE 是財團法人中華民國電腦技能基金會的註冊商標。

- Adobe、After Effects CC 是 Adobe 公司的註冊商標。

- Microsoft、Windows 是 Microsoft 公司的註冊商標。

- 本書或系統中所提及的所有其他商業名稱,分別屬各公司所擁有之商標或註冊商標。

智慧財產權聲明

「動態與視覺特效認證指南 After Effects CC」(含系統)之各項智慧財產權,係屬「財團法人中華民國電腦技能基金會」所有,未經本基金會書面許可,本產品所有內容,不得以任何方式進行翻版、傳播、轉錄或儲存在可檢索系統內,或翻譯成其他語言出版。

- 本基金會保留隨時更改書籍(含系統)內所記載之資訊、題目、檔案、硬體及軟體規格的權利,無須事先通知。

- 本基金會對因使用本產品而引起的損害不承擔任何責任。

本基金會已竭盡全力來確保書籍(含系統)內載之資訊的準確性和完善性。如果您發現任何錯誤或遺漏,請透過電子郵件 master@mail.csf.org.tw 向本會反應,對此,我們深表感謝。

系統使用說明

　　為了提高學習成效，在本書隨附的系統中特別提供「TQC+ 認證範例題目練習系統 動態與視覺特效 After Effects CC」及「TQC+ 認證測驗系統-Client 端程式」，您可透過附加資源的下載連結安裝上述系統，請自行解壓縮並執行即可，僅供購買本書之讀者使用，未經授權不得抄襲、轉載或任意散布。

附加資源（請下載並搭配本書，僅供購買者個人使用）

下載連結：http://books.gotop.com.tw/download/AEY044700

「TQC+ 認證範例題目練習系統」提供動態與視覺特效 After Effects CC 操作題第一至二類共計 20 道題目及動態與視覺特效實務 After Effects CC 第一類共計 10 道題目。

「TQC+ 認證測驗系統-Client 端程式」提供動態與視覺特效 After Effects CC 一回及動態與視覺特效實務 After Effects CC 一回認證測驗的範例試卷。

　　各系統 Setup.exe 安裝程式檔名如下：

- ◆ 安裝「TQC+ 認證範例題目練習系統」：
  檔名：TQCP_CAI_AE1&AD1_Setup.exe

- ◆ 安裝「TQC+ 認證測驗系統-Client 端程式」：
  檔名：T5 ExamClient 單機版_AE1&AD1_Setup.exe

　　希望這樣的設計能給您最大的協助，您亦可進入 https://www.csf.org.tw 網站得到關於基金會更多的訊息！

領域介紹-視傳設計領域說明

　　TQC+ 認證依各領域設計人才之專業謀生技能為出發點，根據國內各產業專業設計人才需求，依其專業職能及核心職能，規劃出各項測驗。

　　在視傳設計領域中，本會經過調查分析最普遍的工作職稱，根據各專業人員之職務不同，彙整出相對應之工作職務（Task），以及執行這些工作職務所需具備之核心職能（Core Competency）與專業職能（Functional Competency），規劃出幾項專業設計人員，分別為：「平面設計專業人員」、「Flash 動畫設計專業人員」、「多媒體網頁設計專業人員」、「網頁設計專業人員」、「動態與視覺特效專業人員」等，詳細內容如下表所列：

專業 人員別	工作職務 （Task）	核心職能 （Core Competency）	專業職能 （Functional Competency）
平面設計 專業人員	1.電腦繪圖能力 2.色彩運用能力 3.圖形繪製與設計能力 4.印刷完稿能力 5.影像編輯調整能力 6.影像合成能力 7.影像設計能力 8.商業設計能力	色彩運用與 配色能力	1.電腦繪圖設計能力 2.影像處理能力
Flash 動 畫設計專 業人員	1.電腦繪圖能力 2.色彩運用能力 3.圖形繪製與設計能力 4.角色、元件設計能力	色彩運用與 配色能力	1.Flash 動畫設計能力 2.電腦繪圖設計能力

專業 人員別	工作職務 （Task）	核心職能 （Core Competency）	專業職能 （Functional Competency）
	5.動畫製作能力 6.視訊、聲音整合能力 7.互動設計能力		
多媒體網頁設計專業人員	1.電腦繪圖能力 2.色彩運用能力 3.圖、文、多媒體整合能力 4.網頁版面設計、編排能力 5.互動式網頁設計能力 6.動畫製作能力 7.影像編輯調整能力	色彩運用與 配色能力	1.網頁設計能力 2.影像處理能力 3.Flash 動畫設計能力
網頁設計專業人員	1.電腦繪圖能力 2.色彩運用能力 3.圖、文、多媒體整合能力 4.網頁版面設計、編排能力 5.互動式網頁設計能力 6.影像編輯調整能力	色彩運用與 配色能力	1.網頁設計能力 2.影像處理能力
動態與視覺特效專業人員	1.電腦繪圖能力 2.色彩運用能力 3.圖形繪製與設計能力 4.影像編輯調整能力	色彩運用與 配色能力	1.電腦繪圖設計能力 2.影像處理能力 3.動態與視覺特效實務能力

專業 人員別	工作職務 （Task）	核心職能 （Core Competency）	專業職能 （Functional Competency）
	5.動態表現能力 6.視覺特效應用能力 7.影片後製編輯能力 8.素材管理與彙整能力		

　　本會根據上述各專業職務之工作職務（Task），以及核心職能（Core Competency）、專業職能（Functional Competency），規劃出每一專業人員應考內容，分為「知識體系（學科）」，以及「專業技能（術科）」二大部分。其中第一部分「知識體系（學科）」每一專業人員均須選考，應考科目為「電腦繪圖概論與數位色彩配色」。第二部分「專業技能（術科）」則依專業人員之不同，規劃各相關考科，請參閱下表「TQC+ 專業設計人才認證 視傳設計領域 認證架構」：

知識體系 認證科目	專業技能 認證科目	專業設計人才 證書名稱
電腦繪圖概論與數位色彩配色	電腦繪圖設計 影像處理	TQC+ 平面設計專業人員
	電腦繪圖設計 Flash 動畫設計	TQC+ Flash 動畫設計專業人員
	網頁設計/響應式網頁設計 Flash 動畫設計 影像處理	TQC+ 多媒體網頁設計專業人員

知識體系 認證科目	專業技能 認證科目	專業設計人才 證書名稱
	網頁設計/響應式網頁設計 影像處理	TQC+ 網頁設計專業人員
	電腦繪圖設計 影像處理 動態與視覺特效實務	TQC+ 動態與視覺特效專業人員

認證說明

　　美國 Adobe 公司出產的 After Effects 以強大的功能，廣泛應用在視覺特效與動態圖形上，讓設計師可以輕鬆地實現創意巧思創作影像作品，After Effects 為使用者最多的動畫製作和視覺特效軟體之一。本會發展的「TQC+ 動態與視覺特效 After Effects CC」及「TQC+ 動態與視覺特效實務 After Effects CC」，係為 TQC+ 視傳設計領域之動態與視覺特效認證能力鑑定，以實務操作方式進行認證，評核符合企業需求的新時代專業設計人才。

一、認證舉辦單位

　　認證主辦單位：財團法人中華民國電腦技能基金會

二、認證對象

　　TQC+ 動態與視覺特效 After Effects CC 認證之測驗對象，為受過視傳設計領域之專業訓練，欲進入該領域就職之人員。

　　TQC+ 動態與視覺特效實務 After Effects CC 認證之測驗對象，為從事視傳設計相關工作 1 至 2 年之社會人士，或是受過視傳設計領域之專業訓練，欲進入該領域就職之人員。

三、認證流程

　　為使讀者能清楚有效地瞭解整個實際認證之流程及所需時間。請參考以下之「認證流程圖」並搭配「4-2-3 測驗操作程序範例」範例說明，以瞭解本項認證流程。

認證流程圖

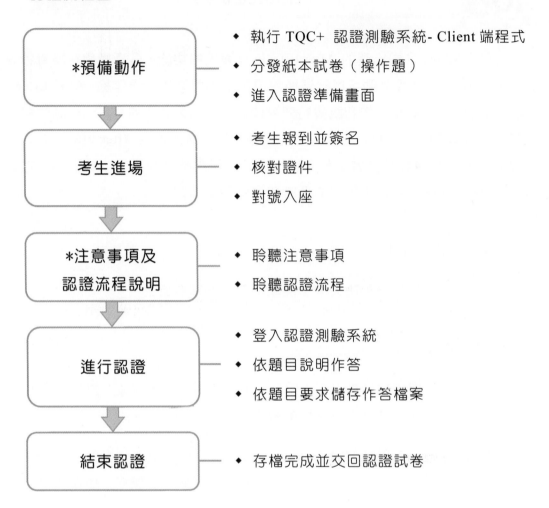

*預備動作	◆ 執行 TQC+ 認證測驗系統- Client 端程式 ◆ 分發紙本試卷（操作題） ◆ 進入認證準備畫面
考生進場	◆ 考生報到並簽名 ◆ 核對證件 ◆ 對號入座
*注意事項及 認證流程說明	◆ 聆聽注意事項 ◆ 聆聽認證流程
進行認證	◆ 登入認證測驗系統 ◆ 依題目說明作答 ◆ 依題目要求儲存作答檔案
結束認證	◆ 存檔完成並交回認證試卷

* 標註該處，表示由監考人員執行

作者序

一根針的故事

　　有個大家都聽過的故事是這樣說的，大詩人李白小時候貪玩不好學，有天他遇到一個老婆婆蹲坐打磨著一根鐵杵，不禁好奇探問婆婆在做什麼，婆婆回他正在磨一根繡花針，聰明的小李白一臉狐疑地看著婆婆說：「這根鐵杵這麼粗，要磨多久才能磨成一根針呀？」，於是婆婆就說了那句，大家耳熟能詳的「只要功夫下得深，鐵杵磨成繡花針。」

　　開頭說這故事，並非想嘮叨努力不懈對人生有多重要，在高度分工的社會中，每個專業領域，都有各自在江湖中討生活的功夫，相信唐朝的冶金技術，亦足以讓鐵匠高效地生產物美價廉的繡針，不須遲暮之年的老婆婆，磨到油盡燈枯只為成就一根針。別誤會，我並非否定故事所要傳遞的正能量，而是把它作為引子，來切入知識系統化的學習觀點。訓練有素的鐵匠之所以能比婆婆更高效地產出繡花針，正因為他們有一套已鍛進骨子裡的專家系統，在冶金術的知識宇宙下，掌握各式金屬加工技術以及金屬提取經驗等等，並通曉各子項知識彼此的關聯與影響，加以融貫，化無形的技術為有形的資產，以回應社會對這個專業的期待。

　　"Adobe After Effects Base"的創作者何嘗不是如此，這個廣受歡迎的數位創作工具的迷人之處在於，在回應不同的使用需求下，可發展出不同的技術脈絡，在各自的創作宇宙裡，衍伸出各自的精采。而這套軟體周圍也聚集越來越多的愛好者，不少是受到經由它而誕生的精彩作品所鼓舞，而看到視覺表現延伸的可能性，從金曲獎典禮包裝設計的動態影像，到視覺特效網紅 Zach King 令人目眩神迷的短影音，創作背後都有隱性的系統化知識，支撐著顯性的技術表現，成就出每個視覺上的細緻。

建構學習脈絡

前麻省理工學院 MIT 媒體實驗室的總監 伊藤穰一認為，在這個網路上知識唾手可得的年代，傳統單向式學習將被時代的洪流所淹沒，取而代之的是透過網路和社群的自主學習；這位前 MIT 總監的觀點如被片面解讀，知識碎片化和過於扁平化的現象，就容易出現在缺乏系統性知識的自學者身上，就以 After Effects 學習者而言，如只看到影音平台上的範例式技巧，缺乏背景知識和美學底蘊的學習，終究是淪為對精彩效果的模板式擬仿，只有將知識系統化的理解，才有真正自由創作的可能，在面對不同的條件下，如庖丁解牛般的遊刃有餘。（或兵長解巨人？）

證照有用嗎？

這大概是任教十餘年來，常回答的月經文之一，設計類證照並沒有藥師證照甚至是保母證照等等，有合法執業的強制力，當然，這也是美學創作類專業該不該被網格化規範的大哉問，但不可否認的現實是，相關領域一直有著品質嚴重參差不齊的問題，當然，在市場機制下的一切終歸會有該去的地方，但身為教育工作者的反思是，專業市場對我們的期待是什麼？美感與視覺設計無法在根本上切割，如果美感無法被認證，設計類證照在提供知識系統的脈絡學習上，是否能覓得被全然認可的定位？我想這是設計類技能認證，未來須不斷努力探尋的方向。

Every person counts, every frame counts.

感謝電腦技能基金會的信任與託付，與基金會夥伴們專業協助，讓本人參與了這項認證的規劃和設計，期盼透過本書導讀，讓此認證轉化為描繪知識輪廓的學習地圖，體現它在設計技能教育上的價值。感謝參與命題的老師們，以及提供專業協助的三位業界好友－白鹿動畫的童譯白，二棲知學的陳柏尹與 Group.G 的林思翰。感謝強者我太太，每每在我"閉關"的時候身兼父職一身優雅的讓全家老小萬事無憂。最後跟所有動態設計、動畫與後期視效從業人員們致敬，呈現在大眾前的每一個精彩，都是藏在每個影格的細膩下，不為人知的辛勞付出，因為對我們而言，every frame counts。

序

　　在網路影片已突破全球行動網路流量 70%以上的時代，影音內容已經改變了我們的媒體、消費習慣和行銷策略。而自 2017 年 TikTok 問世後，短影音風潮快速延燒，在 Z 世代間形成了一股難以抵禦的風氣，社群媒體龍頭如 Instagram、YouTube 於 2020 年推出相關的短影音功能，搶食市場大餅。影音內容的創作與分享正重新定義品牌與消費者之間的互動模式，並在教育、商業、娛樂等多個領域創造價值，推動知識的傳播。因此，影音已成為建立品牌形象、提高消費者好感度及宣傳產品的不可或缺之利器，代表了新時代的潮流趨勢。

　　由美國 Adobe 公司推出的 After Effects，以強大的功能，成為使用者最廣為使用的視覺特效軟體。憑藉卓越的功能和靈活的操作方式，無論是影片後期製作、動態圖形設計，以及特效合成，After Effects 都能勝任，為設計師提供了無限的可能性，讓他們得以盡情探索創意的邊界，實現最大膽的想像。

　　TQC+ 專業設計人才認證，是財團法人中華民國電腦技能基金會（CSF）整合產官學研各界專家意見，為培育符合企業需求之設計人才、提升產業界設計能力所推動的專業認證。本會召開技能規範專家諮詢會議，整合國內設計領域學界與業界專家建議，將 After Effects 認證劃分為兩種證照。一種是為跨領域創作者設計的「動態與視覺特效 After Effects」，另一種則是為專業設計師量身打造的「動態與視覺特效實務 After Effects」。其中「動態與視覺特效 After Effects」認證規範訂定為「動態表現能力」及「合成視覺特效表現能力」等兩類別，旨在評估動態設計和視覺特效應用方面的能力。而「動態與視覺特效實務 After Effects」認證規範訂定為「動態與視覺特效設計綜合能力」之類別，旨在考核影音實務設計方面的綜合能力。每一類別均提供 10 個實務開發範例，範疇從基礎的片頭設計、綠幕去背，到專業的攝影機運鏡結合特效應用等。這些取材豐富的範例均由產學界專家精心設計，讀者可藉由本書提供的範例題目，演練 After Effects 最實用的技巧，提升動態與視覺特效實務設計能力。建議讀者在練習之後報考本會 TQC+ 專業設計人才認證，取得「視傳設計」領域最具

公信力的動態與視覺特效證照及動態與視覺特效實務證照,為個人專業職能加分。

激烈的職場競爭中,成功的秘訣在於個人專業能力及對工作的責任感,資通訊及數位化設計技能已是不可或缺的現代化戰技,擁有專業「設計」能力認證,更是您在職場勝出的終極武器。希望本書和專業設計人才認證能為您開創更多職場機會,也期許能協助企業徵選適當專業設計人才。

最後,謹向所有曾為本測驗開發貢獻心力的專家學者,以及採用本會相關認證之公民營機關與企業獻上最誠摯的謝意。

財團法人中華民國電腦技能基金會

董事長 杜全昌

目 錄

如何使用本書（含軟硬體需求、商標及智慧財產權聲明、系統使用說明）

認證說明

作者序

基金會序

CHAPTER 1 觀念與功能說明

1-1 前言與基本觀念 1-2

    1-1-1 前言 1-2

    1-1-2 動態與視覺特效基本觀念 1-3

1-2 面板與素材管理 1-9

    1-2-1 功能面板／專案建立設定 1-9

    1-2-2 素材與檔案管理 1-11

    1-2-3 圖層元件 1-13

    1-2-4 圖層屬性與觀念（命名、色標、shy etc.） ... 1-23

1-3 功能應用 1-29

    1-3-1 合成面板解說 1-29

    1-3-2 工具列 1-32

    1-3-3 動畫與時間軸 1-41

    1-3-4 特效濾鏡與擴充性 1-46

    1-3-5 作業環境設定 1-49

    1-3-6 算圖格式設定 1-52

    1-3-7 常用快捷鍵 1-58

CHAPTER 2 動態與視覺特效認證篇 After Effects CC

2-1 認證規範 2-2

    2-1-1 第一類 動態表現能力 2-2

    2-1-2 第二類 合成視覺特效表現能力 2-3

2-2 動態表現能力題庫 2-5

    2-2-1 題庫及解題步驟 2-5

        101 紅綠燈 2-5

        102 Circle Shockwave 2-13

        103 水墨動畫效果的動畫影片設計 2-21

        104 彈跳球 2-32

        105 漸層視覺處理 2-44

        106 鈔票動起來 2-54

        107 動態技巧 2-63

        108 Spotlight on Deer 2-74

        109 穀倉 2-83

        110 菊 2-93

2-3 合成視覺特效表現能力題庫

    2-3-1 題庫及解題步驟 2-103

        201 後製效果技巧 2-103

        202 夾娃娃機 2-112

        203 綠幕去背動態遮罩與合成畫面技巧 2-122

        204 3D 運用 2-132

205 修圖追蹤 2-143

206 視覺處理 2-154

207 The Grid 2-164

208 手機螢幕 2-175

209 日光夜景 2-185

210 火車窗外 2-196

CHAPTER 3 動態與視覺特效實務認證篇 After Effects CC

3-1 認證規範 3-2

   3-1-1 第一類 動態與視覺特效設計綜合能力 3-2

3-2 動態與視覺特效設計綜合能力題庫 3-3

   3-2-1 題庫 3-3

   101 熔岩燈 3-3

   102 視覺處理 3-7

   103 旗幟飄揚 3-12

   104 Happy Birthday 3-17

   105 閃爍文字 3-21

   106 片頭設計-FOCUS 3-26

   107 片頭設計-Turf War 3-30

   108 穿越雲霧 3-34

   109 片頭設計-嗡嗡嗡 3-38

   110 月台上的老人 3-42

CHAPTER 4 系統安裝及操作說明

4-1 練習系統安裝及操作 4-2

    4-1-1 練習系統安裝流程 4-2

    4-1-2 題目練習系統操作程序 4-4

4-2 測驗系統安裝及操作 4-7

    4-2-1 TQC+ 認證測驗系統-Client 端程式安裝流程 4-7

    4-2-2 程式權限及使用者帳戶設定 4-9

    4-2-3 測驗操作程序範例 4-11

4-3 範例試卷題目 4-15

    4-3-1 TQC+ 動態與視覺特效 After Effects CC 4-15

    4-3-2 TQC+ 動態與視覺特效實務 After Effects CC 4-16

附錄

問題反應表

CHAPTER 1

觀念與功能說明

1-1 前言與基本觀念

1-2 面板與素材管理

1-3 功能應用

學習目標

一是對於本認證的兩大領域，視覺特效與動態設計做背景介紹，所有的知識和專業領域，都有各自發展的脈絡，視覺特效與動態設計也不例外，一門專業的產出或許便宜，但專業本身並不廉價，知道歷史脈絡雖不見得能對表現技能的學習有多大的幫助，但知曉過去不只是對專業領域的尊重，也是身處其中的人們對身分的認同。

二是對 After Effects 的操作知識與觀念的鋪墊，本書採用的版本為 Windows 作業環境，2023 年推出的英文版 Adobe After Effects，這套軟體受歡迎之處，除了本身強大的功能、各設計領域上的應用，以及與同質軟體相對低廉的價格，更重要的是操作知識取得的便利性，這歸功於龐大的使用族群，以及多元的網路知識平台的支持，在以幫助初學者建立術科知識為前提下，透過前面章節的學習打底基礎，在以後半部視覺特效與動態設計兩大區塊的初級例題的詳解，做技術實務教學與觀念驗證，建立扎實的學習架構，以及奠定往後延伸學習的基礎。在軟體操作為中心的介紹下，盡可能涵蓋重要的功能教學，並將涉及的重要關鍵知識溶入其中，讓學習輪廓更為全面，這也是本書在編著上較特別的地方。

1-1 前言與基本觀念

1-1-1 前言

依本認證的視角將 Adobe After Effects 的技術端實踐，分為「動態設計」與「視覺特效」兩大領域。將所有功能鉅細靡遺地描述並非本書切入的方式，在知識網路綿密分布的今日，字典式的功能查找都不會是問題，由實務經驗導入的觀念教學，並透過範例來引導會是一個較佳的學習路徑。

不論是動畫或後期視效的數位化進程，在成熟的工業產線的發展也不過是三十餘年光景，從早期的台灣之光–宏廣卡通，到全球最具規模的 ILM（Industrial Light & Magic，臺譯：光影魔幻工業），在經歷最初產業數位化轉型的過程中，替代掉需繁瑣人工和工時才能達到的品質，並擴大了製程上的彈

性與空間，不變的是在各自領域中，經驗和技術所累積的不可替代性，隨著軟硬體技術的不斷迭代，再進一步優化視覺效果。Adobe After Effects 是棵從 1993 年便開始在數位創作森林中生根的老樹，相較於其它同性質軟體的低入門門檻、豐沛的學習資源和眾多因應各式需求而生的第三方腳本和插件等，都是這棵老樹能在這個競爭激烈的數位生態系中歷久不衰，且仍能以枝繁葉茂之姿，擴展到各個視覺創作與設計領域的優勢。

初接觸這套軟體的使用者，相信都懷著各自的期待與創作想像，但如要在學習上獲得大跨度的進展，訂下具挑戰性的學習目標，是對有志於此的初學者來說相當必要的，哪怕是考取以術科為主的專業證照，或是創作具自我挑戰性的作品，了解自己的需求並設定目標，是進步的必要條件，借用著名電影視覺特效導演 Dennis Muren 的話"Most breakthroughs don't just happen by evolution. They are driven either by an individual or the demands of a project." 「大部分的突破並非透過領域的革命來成就，而是經由個體的努力，或是專案需求下的目標所驅動。」

1-1-2　動態與視覺特效基本觀念

1. 數位化前的視覺特效合成 － 一個滿分只有 60 分的隱形藝術

雖然這本定位為術科教學，仍不禁想偷渡一點點脈絡概念，來證明常以創作示人的自己，也不是這麼的「工」。視覺特效和動態設計為 After Effects 匯聚最多使用者的兩大領域，視覺特效的發展比動態設計來得更久遠，最早可以追溯到 19 世紀末到 20 世紀初，法國的電影藝術家 Georges Méliès 喬治梅里，以 Double Exposure 雙重曝光技術與鏡前借位手法，創造出在當時令大眾瞠目結舌的視覺特效，在數位化製程之前的 Visual Effects 視覺特效，在歐美早已有著很深的發展脈絡，而視效是台灣業界常用的說法–後期（post-production）中的一項作業流程，視覺特效又包含了 3D 動畫、粒子模擬、追蹤與對位等等分項技術，其中以影像合成為主的 Visual Effects Compositing（VFX Compositing）視覺特效合成，為發展最久的一個脈絡。

在今天提到「視覺特效合成」，會容易讓人聯想到類比訊號時期的全藍色和數位化後的全綠色影棚，其實這種用單色背景的拍片環境來做合成視效，早

在 1933 年的 The Invisible Man《隱形人》就已採用，當時運用高對比底片在單色背景的影棚內拍攝演員，並透過複製底片產出黑白兩色的遮罩，再將棚拍演員的前景底片，夾著遮罩底片疊合於拍攝背景的底片，曝光合成於新的底片上，但這種合成手法工序繁複，故在當時亦並不多見，採用較多的是 In-Camera Compositing 鏡前合成特效，在攝影棚內透過背投式投影機，將背景畫面投射於拍攝主題的背板上（Rear Projection），直接拍出合成畫面，類似於現今流行的 LED 虛擬影棚的概念，更有 Front Projection 前投影式鏡前合成技術，可以不必透過後製手段，直接實現將演員影像，合成於背景投影與前景投影影像之間的合成手法，以及 Matte Painting 在玻璃板上繪製延伸場景，達到鏡前合成特效。

電影視效先驅之一的 Linwood G. Dunn，所發明的光學多重曝光機 -the Acme-Dunn Optical Printer，是數位化前，好萊塢電影後期視效最倚重的合成技術，靠著它創造了 70 年代的科幻經典 -Star Wars《星際大戰》等電影作品，一直到影視工業全面數位化的今天，合成視效一直是後期視效產業中，最被大量應用的技術，但可能令多數人想不到的是，仍有不少好萊塢導演對數位視效是心生排斥的，其中又以執導 Oppenheimer《奧本海默》的知名導演 Christopher Edward Nolan（克里斯多福·諾蘭）為首，據他所述，他對後期動畫視效 -animation 和攝影 -photography 有著絕對的本質區別，攝影是寫實的，憑空創造出的動畫有著現實缺失的屬性，所以動畫始終是動畫。

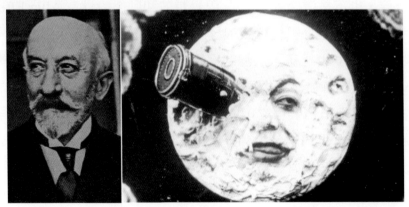

Georges Méliès 喬治梅里（1861-1938），透過鏡前借位拍攝與雙重曝光技術，實現影片合成特效，被視為電影視覺特效之父，其 1902 年的經典作品《月球旅行記》中的月球畫面，被 Visual Effects Society 美國視覺特效工會，設計成精神標誌。（照片來源：https://publicdomainreview.org）

Linwood G. Dunn 與他發明的 the Acme-Dunn Optical Printer 光學曝光技術，影響了數位化前的好萊塢電影視效工業。（照片來源：https://www.oscars.org）

　　合成視效是個滿分只有 60 分的專業，原因在於不同於數位動畫，或令人目眩神迷的 3D 特效，合成視效師最大的職責在於讓經過其手處理的畫面，看不出人工編輯的痕跡，使畫面有如早已存在於鏡頭前般的自然。這是個需要相當的專業且耗時的工作，即便在處理技術早已全數位化且工具越來越進步的今天，伴隨的是需求門檻的提高，甚至為了品質要求或面對棘手的畫面，依賴數位工具仍無法完善的狀況在現實中並不少見。合成視效師需在螢幕前逐格檢視畫面、逐格處理，為的就是呈現出觀眾察覺不出的自然，這是門隱形的藝術。

2. 動態設計的概念與脈絡 － 設計為感官體驗來包裝訊息與概念

　　動態設計 motion design 無疑是近幾年 After Effects 最大宗的使用族群，另一個更為人所知的專有名詞是動態影像 motion graphics，很多時候兩者指的是同一件事，但又有一些區別，簡化的說法，動態影像多指為以平面設計為基礎，再輔以動畫手法而生的一種表現形式，呈現出的樣貌多以向量視覺圖像為主，而動態影像的表現在取材上更為廣泛，除 2D 平面外，3D 動畫元素、stop-motion 停格動畫、實拍影片結合動畫和視效手法等等，都可以是動態設計的表現形式，與其論兩者間的分別，倒不如說動態設計是動態影像更具廣度的定義，這也是

近年來，台灣業界在說法上較多以動態設計來取代動態影像一詞的原因。近十餘年前 JL Design 羅申駿，與 Bito 甲蟲創意 劉耕名兩位導演，將動態設計的觀念帶入台灣，興起了動態設計的新浪潮，但動態設計與動畫之間的區別，至今仍被不斷的討論，學界也鮮少對兩者有明確的定義，在此就顯性與隱性的特質，或是形式與本質上的差異來討論；就表現形式上而言，動態影像的概念源自於兩位先驅，一是美國平面設計師索爾‧巴斯 Saul Bass（1920-1996），與加拿大實驗動畫導演威廉‧諾曼‧麥克拉倫 Norman McLaren（1914-1987）。索爾‧巴斯從平面設計的觀點，運用動畫在時間軸所賦予平面圖像設計的新生命，他對 1950-90 年代好萊塢電影產業的貢獻，跟他在平面設計領域上的成就一樣的輝煌，從西區考特的 Psycho《驚魂記》到 90 年代馬丁‧史柯西斯的經典電影 Goodfellas《四海好兄弟》，他用超過 50 部的經典電影片頭作品，向世人展示以平面設計結合動畫的創作形式，在商業設計上的發展潛力。諾曼‧麥克拉倫 Norman McLaren 則是在另一條相異的發展軸線上，體現動態設計於形式上的重要精髓–節奏，從他獲獎無數的實驗動畫中，以他慣用的 "hand-drawing-sounds"，在底片上逐格繪出抽象的圖形、線條、色彩和文字等視覺元素，與聲音的準確對接，將聽覺的節奏變得可視，把動畫詮釋為純粹的視聽節奏體驗，營造感官上的獨特感染力，影響了之後的動態設計的表現形式。

索爾‧巴斯替好萊塢電影-Anatomy of a Murder 《桃色血案》設計電影海報與片頭開場動畫。(Saul Bass,1959)

威廉‧諾曼‧麥克拉倫 Norman McLaren 的作品《Dots》（1940）

威廉‧諾曼‧麥克拉倫直接在底片上逐格繪製動畫，有異於傳統手繪逐格動畫，在賽璐珞片上作畫再翻拍的方式。（照片來源：https://www.nfb.ca 加拿大國家電影局）

就本質而言，一般大眾所認知的「動畫」，大多是指透過角色來敘事的「角色動畫」，相較於角色動畫，動態設計的表現媒材，可以是圖像、影片、形狀、色彩以及文字等等，當然也可以是明確的角色，由於擴大了對媒材表現的定義，就有將動畫做為設計手段的可能性，所表述可不只有故事，訊息、想法、知識、感覺和概念等等都是動態設計發揮的舞台。

法國哲學家尚・布希亞 Jean Baudrillard 在其著名的「擬像論」中提出一個觀點：「現今的消費文化，是透過包裝來主動創造需求與價值。」，現代人同時生活在物理環境與巨量的資訊環境之中，「包裝」的概念早已從貨架上的商品延伸到數位空間、應用並充斥於生活和文化場域中，包覆各式有形或無形的概念和訊息，動態設計可以是一種的跨領域設計的包裝手段。這幾年已成功地運用在台北世大運的宣傳，金馬獎、金曲獎的典禮包裝，國慶的動態主視覺等等不勝枚舉的成功案例，透過創作令人印象深刻的體驗、緊湊又順暢但又「洗腦」的節奏、無痕的過場轉換和精彩的概念轉化，精準帶出觀者情緒，成功做為資訊擴散載體，讓時間軸上的視覺設計，化為能與大眾共鳴的新媒體。

1-2 面板與素材管理

1-2-1 功能面板／專案建立設定

建議安裝英文版軟體,本書教學亦採用英文版本,原因不外乎是以學習為考量,由於全球使用族群廣大,After Effects 的教學資源相當充沛,網上有不少以英文介面為主的免費和付費教學,故在此鼓勵初學者安裝英文版本。

在初始頁面中,除了 New project 開設新專案,和 Open project 開啟專案外,還有 2020 後的版本開始支援的雲端多人協作的 Team Projects。透過 Adobe Creative Cloud 建立雲端資源共享,並可將本地端的專案發布到雲端協作平台,在多人的專案協同作業上相當的方便。Adobe 也在初始頁面上提供官方教學支援,都是對初學者而言相當受用的內容。

After Effects 基本的介面介紹如下,這是依照使用者不同的作業需求和習慣,面板的配置都可以從 Window 選單中設定工作區,並儲存個人化的工作區配置。

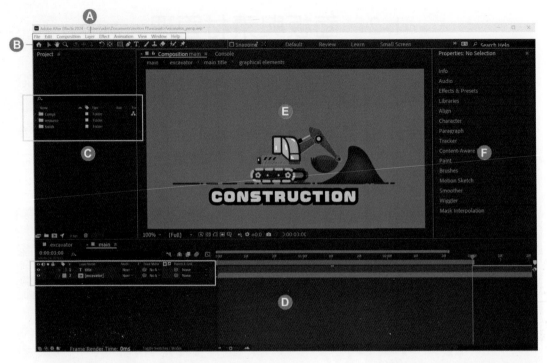

[A] Menu Bar 選單列　[B] Tool Bar 工具列　[C] Project Panel 專案面板　[D] TimeLine Panel 時間軸面板　[E] Composition Panel 合成面板　[F] Info, Preview, Effects&Preset, Align and etc.複合功能面板區

　　在工作區可在各面板的邊界縮放各個面板的大小，各面板上方的圖示 ，可針對面板的狀態做進階調整，甚至可以將面板切換為浮動狀 Undock Panel，或關閉 Close Panel，甚至是面板群組的狀態設定 Panel Group Setting。

　　After Effects（以下簡稱 AE）的創作是以專案 Project 為概念，專案面板的功能就是管理每個使用到的素材與 Composition。「Composition」是 AE 中基本的核心觀念，在與 AE 同質的視效軟體，依作業邏輯可分為 layer based 圖層概念和 node based 節點概念，兩種概念設計各有優點，而 Composition 是 AE 圖層作業概念的核心，同時兼具圖層、群組與承繼的特性，會在後面專門的章節做講解。TimeLine Panel 時間軸面板是主要的編輯區，對 Photoshop 有使用經驗的初學者而言，這類似添加了時間軸的圖層面板；時間軸面板中的圖層元件可大致分為從外部匯入的素材元件，與 AE 內部的自生元件（Null Objects, Light, Camera, Solid, Layer and etc.），但上述的編輯都需在 Composition 的創建中方得執行，拖曳 Time Indicator 時間指標，對圖層物件做時間相關屬性的編輯，

停駐時間點與面板左上方的時間顯示連動 0:00:00:00 00000 (24.00 fps)，按住 Alt+點選時間顯示，可切換影格或時間編碼兩種顯示單位。拖曳時間軸上緣的比例尺頭尾兩端，可以縮放 Time Ruler 時間尺顯示刻度，時間尺下方的 Work Area 工作區間，可以劃定動畫算圖的時間區段。

合成面板中，使用者可運用上方工具列中的工具，對圖層元件做直覺式的編輯與檢視，面板下緣可調整顯示比例、解析度、安全框切換和時間編碼等等。點擊面板上緣的名稱可顯示 Composition 的 Network Graph 關聯圖，這對於較複雜專案的脈絡檢視相當方便。

右側的複合面板區，可依專案使用需求，在 Window 選單下做切換，由於此區的面板屬性多元，待之後例題解析的部分，再對相應的功能面板做操作講解。

1-2-2　素材與檔案管理

1. 管理的目的

在具規模的專案執行下，專案流程的規劃和設計（Production Pipeline）就是專案執行前最重要的工作之一，專案管理是個可大可小的學問，不管在視覺特效或動態設計領域，與不同專業人士間的協同作業是現實的場景，視覺特效產業的合作網絡密度大，可以從數十人到上百人的製作團隊，甚至是數個各自有管理系統的團隊間合作；動態設計的應用面廣，與平面設計、插畫、網頁設計、UI/UX 設計和展場設計等等，這些都需親自涉入其中才能意會的狀況，所以溝通和管理就是必要的執行成本。

軟體操作觀點下的專案管理相對單純，宏觀下的專案管理，除了有專門的 Project Manager（專案經理，簡稱 PM）外，具規模的製作會有專案管理系統，支援專案執行所需的跨部跨平台的資源管理和流程品質控管。

2. 素材管理

　　把素材管理視為專案執行的基本態度與觀念，會更貼近現實場景，好的素材管理綁定作業管理，是專案管理的基本，好的專案管理是高效協作的必要條件，因為在高度分工的作業環境中，必須降低不必要的執行風險，提高在執行面上的溝通效率，以及製作環節的品質控管，從外部素材的分類、檔案命名協定、素材與作業的基本規格等等，都是專案執行前期需做的基本功課，單就「命名」而言，就是可被規格化的要求項目，以利製程的追蹤控管，譬如：「專案代號_項目代號_人員代號_版本」，在對專案管理更要求的作業環境，甚至連軟體內的素材整理和元件命名方式，都有一套需作業人員遵守的規則。

3. 素材整理

　　「管理」是專案視角的課題，回到 After Effects 的操作視角來看素材的「整理」，在 AE 操作觀點下的素材整理，是從外部匯入檔案到本地端或雲端，以資料夾為基礎的分類規劃，以及在專案面板中的素材命名，與資料夾分類。

　　外部素材的匯入方式，在專案面板中按滑鼠右鍵，下拉選單中選擇 Import > File，從上方 File 選單亦可執行素材匯入；在專案面板中，可點選元件後按 Enter 鍵命名，右鍵選單 New Folder 以及面板下緣資料夾圖示，皆可新增資料夾。圖片類素材匯入 AE 之前，需先透過影像編輯軟體，將解析度調整至 72ppi，目前大多數的影片規格以 72ppi 為標準，這是源自於早期數位顯示器的顯示極限，但隨著硬體技術進步，硬體的解像能力早已超過 CRT 螢幕的時代，採用 150ppi 以上的圖片素材也不在少數，但目前仍以 72ppi 為基礎設定居多（此處單指點陣圖在進後期製作前的素材解析度處理，非指輸出影片的解析度概念，影片壓縮的演算編碼，非以平面的 ppi，pixel per inch，方式去理解）。

　　專案素材忌在本地端儲存設備中隨意放置，養成檔案整理的好習慣是邁向專業的第一步，按 File 選單，下拉選單中選擇 Dependencies > Collect Files 可打包專案，將 aep 作業檔和素材檔收集與包裹。多數的時候看到彩虹總會讓人身心愉悅，但在 After Effects 中看到這樣的彩虹卻會令人懊惱，這代表素材遺失，在專案面板中對著遺失的素材，按滑鼠右鍵，下拉選單中選擇 Replace

Footage > File，重新指向素材的位置，但在此之前，請先將素材好好安置在該存在的資料夾中。

1-2-3 圖層元件

在此大概把圖層分類為外部匯入素材及內建元件。先談外部素材部分，AE支援大部分影音格式，將匯入的外部素材從專案面板下拉至面板下方 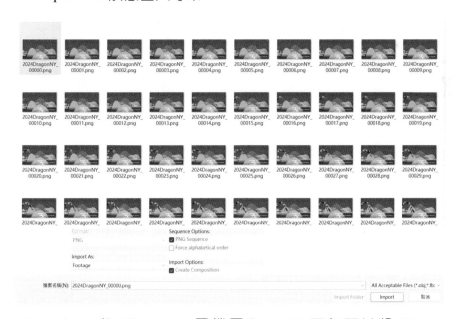 圖示，可直接新增符合該素材基本參數的 Composition，素材便以圖層狀態存在於 Composition 之中，或是先新增 Composition，再將素材從專案面板移動至下方 Comp 編輯。外部素材匯入有幾種常見狀況需注意。

1. 匯入說明

❖ Image Sequence 序列圖檔匯入：序列圖檔是協同作業中常見的影片素材型態，是以連續數字串為檔名的大量圖片檔，在匯入素材的視窗中，點選第一個圖檔並勾選下方 Sequence，便可一次讀取所有檔名連號的序列圖檔，做為影片素材匯入，勾取 Create Composition 可以 Composition 狀態匯入專案。

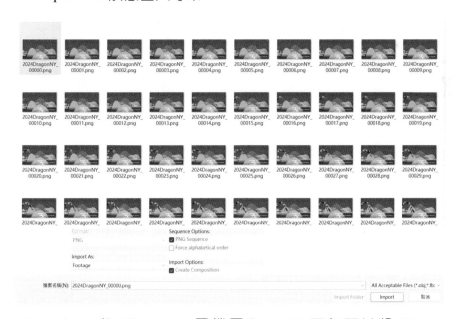

❖ Photoshop 與 Illustrator 圖檔匯入：AE 不但可以將 Photoshop 與 Illustrator 中的圖層資訊（混合模式、調整圖層、圖層樣式以及遮罩等

等）以 Composition 的狀態匯入專案，還可選擇是否保存圖層樣式的參數編輯。有以下匯入選擇：

◆ Footage：會忽略所有圖層資訊，將 psd 檔和 ai 檔視為一般圖檔匯入。

◆ Composition：會保存圖層資訊並以 Composition 的型態匯入專案，所有圖層以版面中心為中心點。

◆ Composition-Retain Layer Sizes：會保存圖層資訊及每個圖層的尺寸資訊與獨立中心點，並以 Composition 的型態匯入專案，可選擇是否保留圖層樣式的編輯能力。

◆ Editable Layer Styles：會保存圖層樣式與參數的編輯性。

◆ Merge Layer Styles into Footage：會保存圖層樣式但捨棄可編輯性。

❖ 其他匯入：影片素材匯入後，專案面板中滑鼠右鍵點選匯入影片 > Interpret Footage > Main 可編輯撥放影格率、像素比例、色彩資訊和 Alpha 通道資訊等。

內建圖層元件：選單 Layer > New，可建立 Text 文字、Solid 色卡、Light 燈光、Camera 算圖攝影機、Null Object 空物件、Shape Layer 形狀圖層等常用圖層元件。

2. 功能說明

❖ Text 文字：文字圖層特有的動畫功能可創造出相當有趣的動態效果，但樹狀結構的層層屬性也是令不少初學者又愛又恨的，在文字下拉選單中點選 Animate，可以選擇屬性動畫效果，每個屬性動畫腳色 Animator 又可以增加自己的動畫屬性 Property 和選擇器 Selector。每個 Animator 透過範圍選擇 Range Selector 屬性集合，來控制到個別字體的變化時序與節奏變化，點選 Effects & Presets 特效面板中的 Animation Presets > Text 也有相當豐富的文字動畫效果可供選擇。

❖ Solid 色卡：基本且常用的內建元件，具備圖層的基本屬性，除了做為純色背景外，常用於特效濾鏡的附著上，亦可搭配 mask 遮罩使用。Solid 的用法，在之後範例會有具體說明。

❖ Light 燈光：After Effects 的燈光功能在 3D 圖層環境下啟動，有 Parallel 平行光、Spot 聚光燈、Point 點光源與 Ambient 環境光。除環境光外，另三種光皆可模擬陰影投射與 Falloff 衰減效果，每種光源都有各自顯著特性，建議場景中可以互相搭配，譬如主光燈與補光燈的結合，會讓場景更有氛圍。Color 色溫和 Intensity 照度，是四種燈光共有屬性，透過滴管和檢色器選擇色溫，光線強度可調為負值，在多光源照明下可作為「區域減光」靈活運用，Cone Angle 照射夾角與 Cone Feather 邊緣羽化是聚光燈特有屬性，Falloff 可模擬 Smooth 柔和與 Inverse Square Clamped 反平方式衰減兩種，後者可模擬相對強烈的衰減效果，開啟光線衰減便可調整 Radius 衰減範圍與 Falloff Distance 衰減距離。

◆ 燈光屬性說明：

➢ Color 色溫：透過滴管和檢色器選色。

➢ Intensity 照度：數值高低與照明度成正比，負值狀態在多光源環境下有區域減光的效果。

➢ Cone Angle 照射夾角：控制聚光燈投射的範圍夾角。

➢ Cone Feather 邊緣羽化：調整聚光燈照射範圍的邊緣羽化程度。

➢ Falloff 衰減：有 None、Smooth、Inverse Square Clamped 三種模式。

- None：無衰減。

- Smooth：柔和衰減。

- Inverse Square Clamped：反平方式衰減（強烈）。

➢ Radius 衰減範圍：光線衰減的半徑範圍。

➢ Falloff Distance 衰減距離：距離越長，照射越遠。

➢ Casts Shadows：陰影投射開關。

➢ Shadow Darkness 陰影暗度：控制陰影深度。

➢ Shadow Diffusion 陰影擴散度：控制陰影銳利、模糊程度。

◆ 燈光種類說明：

Parallel 平行光（有方向性，可設亮度衰減，陰影不可設定擴散度。）

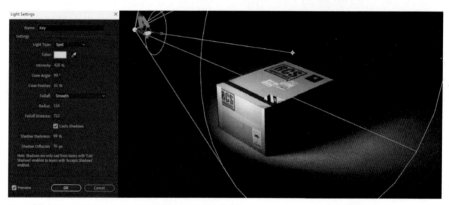

Spot 聚光燈（有方向性，可調整全部光線屬性，Cone Angle 設光源投射夾角，Cone Feather 設定照明區域邊緣與化程度。）

Point 點光源（無方向性，不開啟衰減模擬下，光源距照明環境越遠，照明範圍越廣，環境整體亮度越強。）

Ambient 環境光（3D 操作環境的基本光源，只有 Color 色溫和 Intensity 照度可供調整。）

◆ 陰影設定：燈光設定中點開 Casts Shadows 啟動陰影效果，不能單靠開啟光線的 Casts Shadows 開關，Shadow Darkness 控制陰影深淺，Shadow Diffusion 控制陰影銳利、模糊程度。啟動 3D 環境中的陰影效果，除了打開 Light Settings 中的 Casts Shadows 開關外，還需同時開啟 3D 化圖層中，材質設定的陰影開關，如下圖範例所示，除了開啟聚光燈的 Cast Shadow 外，亦須將構成箱子的六個 3D 化圖層中的 Material Options > Cast Shadows 皆切為 On。由於 After Effects 的 Classic 3D 無法模擬真實光線狀態，缺少自然光線的折射、漫反射等形成的「間接照明」現象，故除了主光源外，再建立一盞弱光做為補光燈，避免主光源的背光處產生不自然的過暗，本例以淡黃色 Spot Light 為主光源（Key light），並以照度 20% 淺藍色的 Ambient Light 為補光（fill light）。

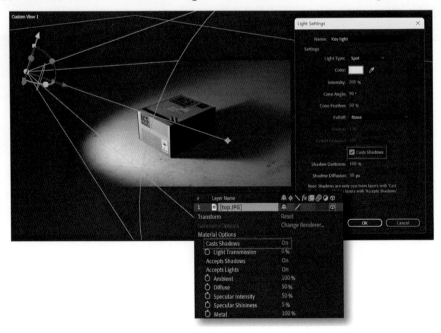

❖ Camera 算圖攝影機：攝影機是 After Effects 中相當重要的 3D 物件，較複雜的參數容易讓初接觸者無所適從，只要是帶 3D 觀念的軟體都有攝影機的設計，且多符合現實的攝影機運作原理，跟所有 3D 軟體一樣，AE 有工作攝影機與算圖攝影機，工作攝影機的設計，是以 3D 環境中操作所需的觀察為主，具備的功能性不及算圖攝影機完整，故在 3D 專案中一定要建立算圖攝影機。算圖攝影機設定參數說明如下：

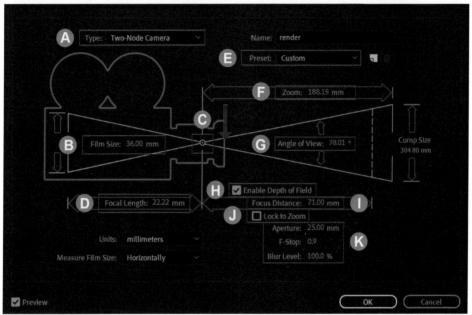

[A] Type 攝影機種類：分為 One-Node Camera 和 Two-Node Camera，前者操作類似手持攝影機，無特定的瞄準視點 Point of Interest，後者有視點可操控，如果要製作攝影機瞄準視點運鏡的動畫，請選擇後者。

[B] Film Size：影片大小實際意指為曝光區域，傳統相機的底片或數位相機的感光晶片（CCD,CMOS）成像區域的大小。

[C] 鏡片中心點，也是光學中心。

[D] Focal Length 焦長／焦距：光學中心到曝光成像區的距離。

[E] Preset 預設置：提供常見的焦距選擇。

[F] Zoom 變焦值。

[G] Angle of View 視夾角：與焦距有直接的關聯，短焦鏡頭的視角廣且景深淺短，長焦鏡頭的視角窄且景深遠。

[H] Enable Depth of Field 啟動景深效果（DOF）。

[I] Focus Distance 對焦距離：光學中心到焦平面（對焦區域）的實際距離。

[J] Lock to Zoom 鎖定變焦。

[K] Aperture、F-Stop 光圈，兩者皆為光圈參數，後者為實際鏡頭中光圈的表示單位，Aperture 值越大、F-Stop 值越小則光圈越大，反之 Aperture 值越小、F-Stop 值越大則光圈越小，兩參數互為連動，在啟動景深效果下，光圈值越大，背景虛化程度越明顯，亦可透過 Blur Level 強制設定景深下的鏡頭模糊效果。

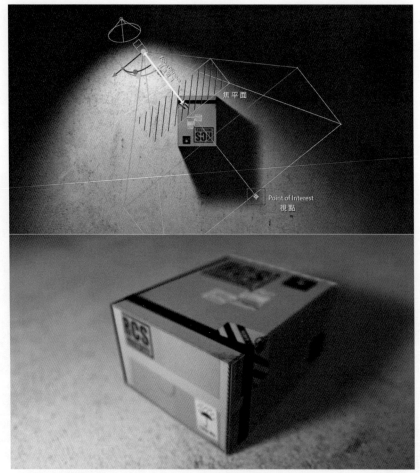

調整對焦距離與加大光圈值，以產生 DOF 景深效果。

◆ 操控攝影機：攝影機的操控動作大致可分為 Orbit 繞行、Pan 平移
  與 Dolly 推移，新版的 After Effects 將三種主要的攝影機動態之操
  控性再細分。快捷鍵 C 啟動攝影機，啟動前次使用的操控動作，
  按住 Alt 鍵會切換至 Unified Camera 的統一操控狀態，滑鼠游標
  顯示為🎥，此時可透過滑鼠三鍵操控三種攝影機的動作，左鍵繞
  行、中鍵平移以及右鍵推移。熟悉攝影機的操控運鏡，可以營造具
  張力的畫面，除了軟體端的操作技巧外，掌握基本的攝影知識也
  是相當必要。2023 版本已把原先置於工具列的 Unified Camera Tool，
  拆分為三並提供更細緻的操控：

  ➢ Orbit 繞行

    ・ 🔄 Orbit Around Cursor Tool 攝影機對著游標繞行。

    ・ 🔄 Orbit Around Scene Tool 攝影機對著場景中央繞行。

    ・ 🔄 Orbit Around Camera POI（Point Of Interest）攝影機
      對著 POI 視點繞行。

- 三種繞行還可選擇三種約束狀態：✥ 自由繞行（無約束）、
  ↩ 水平約束繞行、⬍ 垂直約束繞行。

➢ Pan 平移

- ✥ Pan Under Cursor 攝影機對著游標在 X、Y 軸向平移。
- ⊞ Pan Camera POI（Point Of Interest）攝影機對著 POI
  視點在 X、Y 軸向平移。

➢ Dolly 推移

- ⬇ Dolly Toward Cursor Tool 攝影機朝向游標位置推移。
- ⬍ Dolly to Cursor Tool 攝影機對準游標位置推移。
- ⬌ Dolly to Camera POI Tool 攝影機對準 POI 視點推移。

❖ Null Object 空物件：空物件無法被算出，但具備圖層的基本屬性，它
最大的特殊性是用於 Parent 父子關聯上，擔任父位階來約束子位階圖
層的功能，一個父圖層可以約束數個子圖層；但一個子圖層只能受一
個父圖層所約束。圖層間一但建立父子關聯，父圖層在 Position 位置、
Rotation 旋轉與 Scale 比例上的屬性數值變化，子圖層必然跟隨；但子
圖層在上述屬性發生變化，父圖層則不受影響。

❖ Shape Layer 形狀圖層：除透過 Layer > New > Shape Layer 新增外，透
過形狀工具及鋼筆工具創建最為方便，形狀圖層可製作豐富的向量圖
型動畫，相當有趣，動畫屬性也相當多元，基本型有 Rectangle 矩形、
Rounded Rectangle 圓角矩形、Ellipse 圓型、Polygon 多邊形，以及 Star
星形，也可透過鋼筆工具繪製，此外文字圖層和外部匯入的向量圖層
Vector Layer，也可透過右鍵 ＞ Create > Create Shapes From Text 以及
Create Shapes From Vector Layer，將文字圖層與向量圖層轉為形狀圖
層。形狀圖層在動態製作上的運用相當頻繁，多樣內涵屬性，提供了圖
像編輯與動態變化上的彈性。

用工具建立形狀圖層

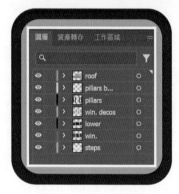

Illustrator 中完成繪製的向量圖，如組成元件需在之後做動畫，在匯入 After Effects 前須先整理。如上圖所示，於 Illustrator 中點選圖層後，按圖層面板右上角選單圖示，選擇「釋放至圖層（順序）（Q）」後，將被釋放的子圖層，全部拉至最上層，再按需求整理、命名圖層後存檔。

❖ Adjustment Layer 調整圖層：調整圖層在影像合成上相當重要，基本觀念跟 Photoshop 的調整圖層一樣，被賦予的視覺效果和遮罩等，都會影響其以下的所有圖層，這也是 layer based 影像處理軟體的重要特性之一，尤其在完成影像合成的最後，利用調整圖層做對畫面整體的統合調光調色，是專業製作上相當基本的做法。

1-2-4　圖層屬性與觀念（命名、色標、shy etc.）

　　認識 After Effects 的圖層屬性與觀念，是基礎學習相當重要的一環，時間軸與圖層是構成 After Effects 作業觀念的主要核心，詳細的圖層設定，也是 After Effects 這種以 Layer-based 圖層合成為基礎的多媒體軟體的主要特色。圖層的五大基本為「屬性」、「開關」、「合成模式」、「追蹤遮罩」以及「父子關聯」。

1. 圖層名稱

　　點選圖層名稱按 Enter 鍵可以直接修改圖層名稱，可點選圖層上方 Layer Name / Source Name，以切換顯示圖層命名及來源名。

2. 五大屬性

　　點擊 展開圖層，在 Transform 下有 Anchor Point 錨點、Position 位移、Scale 比例、Rotation 旋轉、Opacity 不透明度，啟動屬性前方的 碼錶，可以在時間點上記錄數值，也就是時間軸上的 Key frame 關鍵影格，不同時間點上的關鍵影格之間，自動生成的動畫效果稱為補間動畫，以下是圖層五大基本屬性的介紹。

- ❖　Anchor Point 錨點（快捷鍵 A）：為圖層中心點，在動畫製作上，錨點的位置相當重要，除了調整 X、Y 軸數值外，運用 Pan Behind Tool 錨點工具 （快捷鍵 Y），可以直接拖曳錨點，操作上較直覺。

- ❖　Position 位移（快捷鍵 P）：除了調整 X, Y 軸數值外，用選取工具（快捷鍵 V）可以直接拖曳圖層物件位置。

- ❖　Scale 比例（快捷鍵 S）：X、Y 軸數值單位為百分比%，開啟 可鎖定 X、Y 軸做等比例縮放。

- ❖　Rotation 旋轉（快捷鍵 R）：圈數 X 角度，以錨點（中心點）為旋轉軸，對應的操作工具為旋轉工具 （快捷鍵 W）。

- ❖　Opacity 不透明度（快捷鍵 T）：數值單位為百分比%，100%為不透明，0%為完全透明。

3. 圖層基本開關與功能開關

　　分為基本開關與功能開關，點擊時間軸面板下方 `Toggle Switches / Modes` ，可切換顯示圖層介面的功能開關與合成模式。基本開關有視訊圖層顯示開關 👁、音訊圖層開關 🔊、Solo 圖層獨顯開關 ⬤ 以及鎖定開關 🔒。Lable 色標 ◆ 可以透過圖層色標來做圖層分類與管理。功能開關介紹如下：

❖ 🏛Shy 圖層隱藏／顯示：點選圖層開關（顯示圖層 🐡、隱藏圖層 ◢，再切換圖層面板上方開關，可隱藏或顯示圖層，本功能在多圖層的管理上相當方便。

❖ ☀Continuously Rasterize 3D 複合圖層展開：當 Comp 圖層中包含 3D 圖層時，此開關可以展開 Comp 內部圖層的 3D 狀態。

❖ 🔲Quality and Sampling 圖層畫質切換。

❖ 🔠Effects 特效開關：啟閉圖層特效。

❖ ◉Motion Blur 動態模糊開關：需同時啟動圖層動態模糊，以及圖層面板上方的動態模糊總開關，才能啟動視覺效果，但如同現實條件，一定的動畫速度才會產生動態模糊，此功能無法對動態圖像強制產生模糊效果。

❖ ◉Adjustment Layer 調整圖層開關：可將圖層轉化成調整圖層，譬如，在 Solid 圖層上增加 Exposure 曝光度濾鏡，並降低曝光值，開啟調整圖層開關後，會將該 Solid 圖層變成調整圖層，將低曝光效果影響到其以下所有圖層。反之，如果關閉調整圖層的此開關，會讓調整圖層變為白色 Solid 圖層。

❖ 🧊3D Layer 3D 圖層開關：圖層轉化 3D 空間後，可與攝影機和燈光互動，Classic 3D 環境下的圖層，嚴格而論是 2.5D 的空間運算，故在某些狀況下仍會保留 2D 圖層的視覺次序。

　　材質屬性 Material Options 參數說明如下：

❖ Casts Shadows 投射陰影：On 為接受燈光的陰影投射，Off 為不接受燈光的陰影投射，Only 為影藏圖像只顯示陰影。

❖ Light Transmission 光線穿透度。

❖ Accepts Shadows 陰影接受：圖層是否接受陰影投射。

❖ Accepts Lights 光線接受：圖層是否受照明影響。

❖ Ambient 環境反射度：圖層受環境光源反射影響程度。

❖ Diffuse 漫反射度：材質對光線的反應，表面粗糙的材質漫反射度越高，越光滑的材質漫反射度越低。

❖ Specular Intensity 高光強度：圖層對光線的反射強度。

❖ Specular Shininess 高光區域：百分比越低高光區越大，反之高光區越集中。

❖ Metal 金屬程度：百分比越高圖層受燈光色溫影響越低，受光區域越接近圖層原色，百分比越低圖層越受色溫影響。

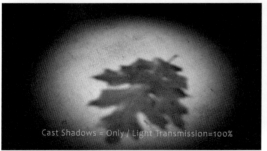

開啟 Cinema 4D 環境下支援光跡追蹤，是全 3D 環境，特殊屬性參數說明如下：

❖ Geometry Options：

- Bevel Styles 導角形式：分為 None、Angular 角邊、Concave 凹面、Convex 凸面。
- Bevel Depth 導角厚度。
- Hole Bevel Depth 內環導角厚度。
- Extrusion Depth 擠壓厚度。

❖ Material Options：

- Reflection Intensity 反射強度：反射周圍環境強度。
- Reeflection Sharpness 反射銳利度：反射倒影的清晰度。
- Reflection Rolloff 反射衰減：百分比越低，反射倒影越明顯，越高倒影越淡。

4. Parent & Link 父子關聯

可透過下拉選單選擇欲建立關聯的圖層，或是拖曳鞭選器  指定圖層。被指定的父圖層可接受數個子圖層的指定，但每個子圖層只能有一個父圖層，圖層間一但建立父子關聯，父圖層在 Position 位置、Rotation 旋轉與 Scale 比例上的屬性數值變化，子圖層必然跟隨；但子圖層在上述屬性發生變化，父圖層則不受影響。

5. Mode 混合模式

數位影像軟體常見的影像疊和運算模式選擇，Normal「正常」、Dissolve「溶解」、Darken「變暗」、Multiply「色彩增值」、Add「增加」、Screen「濾色」、Linear Light「線性加亮（增加）」、Difference「差異化」、Hue「色相」……，各模式詳細的原理說明可以至 Adobe 官網參考。

6. Track Matte 追蹤遮罩

After Efects 相當重要的合成功能，且在 2023 版本後的追蹤遮罩，在運用上更為方便，指定為遮罩的圖層不受 Comp 中的次序影響，擺脫以往版本只能指定上方相鄰圖層為遮罩的不便。有 Alpha 和 Luma 兩種遮罩模式，前者以 Alpha Channel 為處理資訊，後者以色彩亮度為處理資訊，色彩越亮遮罩越清晰，色彩越暗則越不明顯，兩者皆可透過 Invert 開關反轉遮罩區域。

Alpha & Alpha Invert

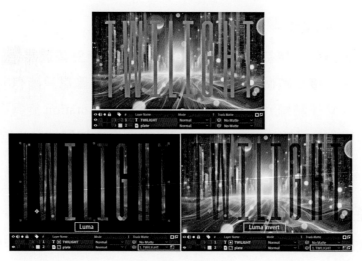

Luma & Luma Invert

7. Guide Layer 導引圖層

　　任何種類的圖層都可轉為導引圖層，被轉為導引圖層的內容，在預覽視窗中可檢視、可編輯但無法被算出，選擇圖層右鍵 ＞ Guide Layer。導引圖層多用於作業時直接在畫面上標注重點資訊，或是輔助排版功能。

1-3 功能應用

1-3-1 合成面板解說

　　合成面板提供各種檢視角度，對作品進行瀏覽和編輯，除了拖曳時間軸上的 Time Indicator 時間指標，可以更新畫面動態外，點擊 Preview Panel 預覽視窗的撥放鍵 ▶，或按空白鍵皆可對指定時間區段內的動畫執行預覽算圖，需注意的是當大寫鍵 Caps Lock 開啟時，After Effects 會鎖住記憶體的畫面更新狀態，無法顯示編輯過的畫面，下方並以紅色訊息提醒，這個設計是為了彈性調整記憶體在預覽算圖時的資源分配，以下對合成面板各功能區域做說明：

1. [A] Composition 階層關聯

   以藍色顯示目前工作的 Comp，可透過此處瞭解 Composition 在專案中的樹狀關係。

2. [B] 編輯／預覽畫面

3. [C] 畫面顯示設定

   ❖ 畫面百分比：預覽解析度設定（Full、Half、Third、Quarter...）。

   ❖ 快速預覽：

   ◆ Off（Final Quality）：關閉快速預覽，完整畫質呈現。

   ◆ Adaptive Resolution：彈性調整解析度。

   ◆ Wireframe：框線顯示。

   ❖ 透明網格顯示開關。

   ❖ 遮罩與形狀路徑顯示開關：Mask 遮罩線框與 Shape Layer 形狀圖層的 path 顯示開關。

   ❖ 瀏覽區塊劃定：在畫面中拖拉出欲瀏覽的畫面範圍，可節省算圖資源。

   ❖ 網格與導引線開關：

   ◆ Title／Action Safe 字幕安全框／畫面安全框顯示開關：外層為 Action Safe 動作安全框，內層為 Title Safe 字幕安全框，安全框的要求源自於早期 CRT 映像管顯示器，越接近邊緣像素易變形失真的缺點，現今顯示器的技術和媒體播放平台已無此問題，但建議上字幕時仍以字幕安全框為界，因在畫面下緣的播放介面仍占有部分空間。

   ◆ Proportional Grid 比例網格顯示開關：大比例網格。

   ◆ Grid 網格顯示開關：小比例網格。

   ◆ Gides 導引線顯示開關。

   ◆ Rulers 尺標顯示開關：可從尺標拖曳出導引線。

   ❖ 色彩通道顯示。

❖ 🔵顯示光圈值：以鏡頭光圈的概念，調整預覽畫面的明暗度，並不會影響最後輸出結果。

❖ 📷畫面快照：擷取當前畫面，並暫存於記憶體中。

❖ 🔄快照畫面顯示：顯示最新快照，按住 Alt 點選，可顯示暫存於記憶體中的所有快照疊加畫面以供比對。

4. [D] 3D 環境檢視設定

❖ 🔲Draft 3D 3D 草稿模式：開啟後會關閉包括光影等視覺效果，但是會讓 3D 圖層的編輯狀態，保持預覽算圖的即時順暢。

❖ 🔲🔲3D 地平面與視覺延伸：開啟 3D 草稿模式，方能啟動的兩個開關，開啟 3D 平面開關會在 3D 環境中顯示地平面網格，開啟視覺延伸開關會將地平面顯示，將編輯環境的視覺範圍，延伸至編輯畫面外的面板空間，提供 3D 環境的操作上，更全面的檢視。

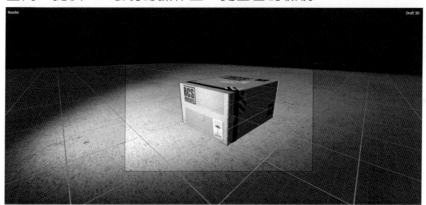

❖ 3D 算圖環境設定：選擇 Classic 3D 或是 Cinema 4D，Renderer Options 可以選擇投射陰影的解析度。

❖ 環境攝影機：下拉選單可以選擇顯示算圖攝影機的畫面或是工作攝影機的畫面，及攝影機相關設定。

◆ Front 前、Left 左側、Top 頂、Back 後、Right 右側、Bottom 底，六個方位的工作攝影機不帶透視且不可繞行，故對於 3D 環境中的編輯相當重要，這是所有 3D 軟體都具備的環境作業攝影機，Custom View 是透視攝影機，在工作攝影機中的操控性最大且帶透

視，After Effects 中提供三組透視攝影機供使用者檢視環境，透視攝影機搭配 Create Camera From 3D View，可直接將選定的透視工作攝影機的視角，生成新的透視攝影機，提供更具直覺性的操作選擇。

❖ 畫面分割配置：有 1、2、4 預覽畫面分割，點選畫面後再從環境攝影機下拉選單中，選擇攝影機，可指定顯示視角畫面。

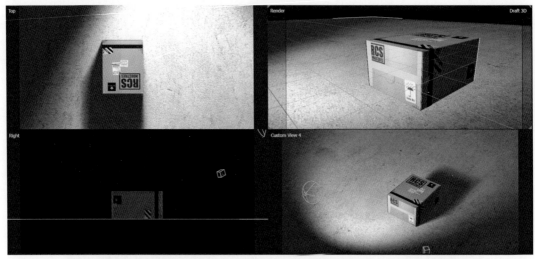

分割畫面左上角顯示攝影機視角，畫面四個藍色角落表示此為目前選擇的畫面。

1-3-2　工具列

位於操作環境上方的工具列，提供使用者常用的編輯工具，為增進作業效率，記取每個工具的快捷鍵是必要的使用方式。

1. 快捷鍵

❖ 　開啟起始專案頁面。

❖ 　選取工具（快捷鍵 V）。

❖ 　手形工具（快捷鍵 H）：移動作業範圍。

❖ 　縮放工具（快捷鍵 Z）：直接使用放大預覽範圍，按住 Alt 鍵切換縮小預覽。

❖ 　攝影機操控工具（快捷鍵 C）：詳細說明請參考攝影機教學。

❖ 🔄旋轉工具（快捷鍵 W）：在 2D 環境下旋轉圖層物件，按住 shift 鍵可鎖定 45°角旋轉。

❖ ⬚中心點編輯工具（快捷鍵 Y）。

❖ ⬭形狀工具（快捷鍵 Q）：表面上跟向量繪圖軟體，譬如 Adobe Illustrator 的幾何繪製類似，也有 Fill 形狀內填，以及 Stroke 外框的基本編輯樣態，按住 shift 鍵+Q 可切換形狀，用在影像、文字、色卡和調整圖層上會是 Mask 遮罩型態，甚至在形狀圖層上亦可選擇遮罩狀態，★ ▦ 如上圖示所示，在形狀圖層上使用形狀工具，選擇星型圖示會在圖層中新增向量 shape，選擇網格圖示則會在圖層中賦予遮罩。勾選 ☑ Bezier Path 可繪製貝茲曲線形狀，產生路徑節點，增加形狀外觀的編輯彈性，點選形狀圖層下拉選單中的 Path > Convert To Bezier Path，亦可將形狀路徑轉為貝茲路徑。

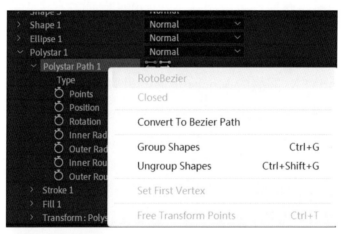

Shape Path   Bezier Path

> 點擊工具列上形狀工具旁的 Add，或是形狀圖
> 層下拉選單中的 Add，都可替形狀圖層增加外
> 觀屬性或動畫屬性，掌握形狀圖層附加屬性的
> 運用，可以表現出有趣的動態效果。

❖ ✎ 鋼筆工具（快捷鍵 G）：按住 shift 鍵+G 可切換各種向量編輯和繪製工具，用在影像、文字、色卡和調整圖層上會是 Mask 遮罩型態，用在形狀圖層上可選擇遮罩或 Shape 形狀的建立 ★ ▨ 。跟 Adobe Photoshop 和 Illustrator 的鋼筆工具的使用方式大同小異，多了動畫效果，如以掌握上述兩套軟體的基本觀念，是學習 After Effects 必需的前備知識，鋼筆工具就容易在使用習慣上銜接，亦不需做太多的贅述，以往後期視效中，鋼筆工具被大量運用在 Rotoscope 轉描去背上，這是被大量運用的基礎合成手法，但在現今，After Effects 已為轉描作業需求而開發專門的工具 Roto Brush，以及內建的 Mocha AE 插件，會比鋼筆工具高效得多，Boris FX 開發的 Mocha 是專門針對 Rotoscope 影像轉描、Camera Tracking 攝影機追蹤以及 Object Tracking 物件追蹤後製作需求而開發的插件，雖無法對較複雜的鏡前動態，和攝影機運鏡做追蹤，但大部分的時候仍相當實用。在此先將鋼筆工具著重在基本遮罩觀念上。

◆ Mask vs. Matte?

接觸到專業英文的使用者，有機會聽過或見過這兩個英文專有名詞，以 Mask 而言，在影像處理軟體中被翻譯為「遮色片」或「遮罩」，而 Matte 則多被譯為「遮罩」，其實在中文環境中，這兩字的鑑別問題不太大，因為都可被稱為「遮罩」，但在外文的專業環境中卻有區別。Mask 多指靜態的遮罩，而 Matte 則多指為動態的遮罩，更精確地描述，在後期視效中，也會把動態的遮罩明確敘述為 Traveling Matte，遮蔽畫面中不需要的部分的遮罩稱為 Garbage Matte。特做說明，希望對中文教學外的延伸學習有幫助。

◆ 在 After Effects 中，可以用形狀工具和鋼筆工具對影像、文字、色卡和調整圖層上遮罩，一個圖層物件可以有多個遮罩，合成面板下方 ■ 為遮罩框線顯示開關，以下為遮罩屬性解說：

➢ 基本狀態：對有遮罩的圖層展開 Masks，點選色票可設定框線色，亦可對遮罩命名，基本狀態有 None 無作用、Add 遮罩內顯示、Subtract 遮罩外顯示、Intersect 複數遮罩相交區域顯示、Lighten 變亮混合模式、Darken 變暗混合模式、Difference 差異化混合模式，勾選 Invert 可反轉遮罩目前狀態。

➢ Mask Path 遮罩路徑：按 Shape 對路徑控制框 Bounding Box 進行上下左右邊界控制，亦可透過 Reset To 將路徑重置為矩形或圓形。 ■ 碼錶可對路徑在時間軸的變化設定關鍵影格，對遮罩設動態，視效合成中的 Rotoscope 轉描去背技術，其基本原理便是透過此功能，搭配邊緣羽化來提取影片中需要的影像區域。

➢ Mask Feather 遮罩羽化。

➢ Mask Opacity 遮罩不透明度。

➢ Mask Expansion 遮罩邊緣擴張／內縮。

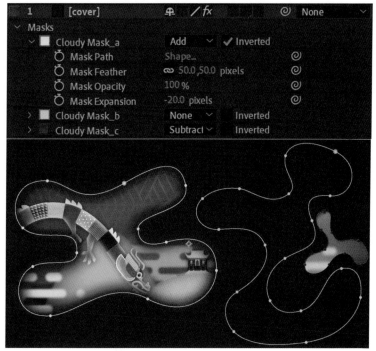

❖ **T** 文字工具（快捷鍵 Ctrl+T）：外觀屬性跟大部分軟體的差異不大，運用文字工具建立的文字圖層才是精華的之處，After Effects 的大部分文字屬性都可以設定動態效果，建立屬性的樹狀結構，更可將各個屬性動畫效果相互結合，Effects & Presets 特效面板中的 Animation Presets > Text 也有相當豐富的預設文字動畫效果可供選擇。

❖ 筆刷工具（快捷鍵 Ctrl+B）：有兩個屬性面板與筆刷相關 Brushes Panel 筆刷面板和 Paint Panel 描繪面板，對要描繪的圖層連點兩次，合成視窗進入圖層編輯預覽，才能直接在畫面上用筆刷描繪，Brushes Panel 與 Photoshop 的筆刷基本屬性大致相同，分為固定筆刷屬性與動態筆刷屬性，在筆刷模式下，按住 Ctrl+左鍵左右移動游標可以調整筆刷大小，面板中可選擇筆刷樣式、Diameter 大小、Angle 角度、Roundness 圓度、Hardness 硬度、Spacing 筆刷間隔，動態筆刷可跟繪圖板連動，透過數位筆感壓功能，筆刷大小、角度、圓度、不透明度與流量，都可根據力道感壓 Pen Pressure 來決定。Paint Panel 描繪面板中，快捷鍵 X 可切換前景色與背景色，混合模式選項，是繪製筆畫對疊合影像，選擇各種明暗與色彩的運算，也可選擇將筆刷繪製在 RGB 色彩通道或 Alpha 通道，較特別的屬性是 Duration 持續時間選項：

  ◆ Constant 持續筆畫：筆刷從當前的時間指標持續到時間結束，筆刷時間長度可調。

  ◆ Write On 描繪動態：關鍵影格記錄筆刷繪製動態，從當前的時間指標持續到時間結束，筆刷時間長度可調，關鍵影格時間點可調。

  ◆ Single Frame 單影格：持續一個影格，筆刷時間長度可調。

  ◆ Custom 自訂義：自訂筆刷持續的影格數。

❖ 圖章工具（快捷鍵 Ctrl+B）：可以視為有時間軸概念的 Photoshop 的仿製圖章工具，參數設定在描繪面板內，由於多用於處理影片素材，AE 的圖章工具大部分的會搭配 Tracking 追蹤功能使用。按住 Alt 鍵可取樣影像區域，可有五種預設置參數設定，可設定取樣的圖層素材，以及取樣的時間畫面。

❖ ◆擦拭工具：抹除描繪筆觸，與筆刷功能大同小異。

❖ 🏃Roto Brush 轉描筆刷：專門針對 Rotoscope 轉描而開發的工具，相當的便利，可節省傳統數位轉描所需的大量時間，在說明本工具之前，先對技術概念做鋪墊。

◆ Rotoscope 轉描技術：在視覺特效中，轉描是被大量使用的合成手段，手動描繪遮罩，來提取影片素材中需的影像部分，即便是在綠幕環境下特別拍攝的合成素材，透過提取色彩像素為主的去背工具如 Color Key、Chroma Key 或 Keylight 等等（After Effects 中 Effect 選單下的 Keying 去背濾鏡組），也不見得能得到令人滿意的遮罩，以接近逐格檢視、編輯、繪製的轉描手段，幾乎被視為最保險的做法，雖然較耗時費工，卻是確保遮罩品質最直接的方式。

◆ 轉描技術簡介：轉描技術最初並非為了特效合成而發明，製作生動的角色動畫才是這門技術誕生的主因，1937 年由 Walt Disney 華特迪士尼影業推出的動畫長片 Snow White and the Seven Dwarfs《白雪公主》，在當時以美麗且生動流暢的動畫驚艷世人，靠的正是逐格轉描演員的表演錄像下的結果，請演員依分鏡在鏡頭前表演，並將拍攝完的影片膠捲，在特殊設計的轉描台上，透過投影機逐格投影在玻璃繪板，動畫繪師再將角色的影像輪廓，逐格繪製在賽璐璐片上。後來才逐漸應用在後期視效產業中，這種透過逐格投影，並直接以畫筆和墨水在賽璐璐片上繪製遮罩後，再以攝影機逐格翻拍遮罩的方式，是轉描遮罩在視效產業在數位化之前常用的後製作手法，直到 80 年代的 ILM（Industrial Light & Magic，臺譯：光影魔幻工業）仍大量運用這種傳統轉描的去背手法，並結合 Optical Printing 光學曝光技術大量製作電影合成視效，其中包括著名的《星際大戰》與《印第安那瓊斯》系列。

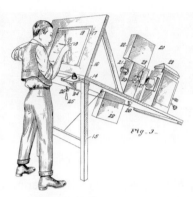

早期透過 Rotoscope 轉描技術繪製角色動畫，此技術為角色動畫先驅波蘭裔美籍動畫師 Max Fleischer 發明的專利。（圖片來源：https://www.wikipedia.org）

◆ Roto Brush 2.0：與筆刷的快捷鍵一樣，按住 Ctrl+滑鼠左鍵，左右拖曳，可調整筆刷大小。直接描繪需要提取的影像範圍，本功能會自動辨識影像範圍，故只筆刷塗抹提取影像的內部，不需要描繪影像輪廓，按住 Alt 鍵+滑鼠左鍵可抹去不需要的區域。2023 版的 After Effects 轉描工具版本為 Roto Brush 2.0，2024 年版的本工具版本為 Roto Brush 3.0，有運用到 AI 輔助運算，遮罩結果更精確，且效率更快。

◆ Refine Edge 精確邊緣：快速處理如毛髮般的影像邊緣。轉描筆刷提供四種狀態檢視，Refine Edge X-Ray 邊緣透視、Alpha 遮罩預覽、Alpha 邊緣預覽以及 Alpha 遮罩覆蓋，可以詳細檢視每一個影格的遮罩狀態，並隨時修正。

Toggle Refine Edge X-Ray　　　　　Toggle Alpha

Toggle Alpha Boundry   Toggle Alpha Overlay

◆ Effect Controls 細部設定大致分為 Propagation 遮罩運算設定、Roto Brush 轉描遮罩設定與 Refine Edge 邊緣遮罩設定，兩者皆可針對各自的 Feather 羽化度、Contrast 對比度、Shift Edge 遮罩邊緣偏移，以及 Reduce Chatter 邊緣降噪等等，其餘細部屬性解說如下：

➢ Version：Roto Brush 版本。

➢ Propagation：遮罩邊緣運算設定。

➢ Search Radius：邊緣偵測範圍。

➢ View Search Radius：以綠色方框顯示偵測半徑範圍。

➢ Enable Classic Controls 啟用舊版屬性控制如下：

• Motion Threshold/Motion Damping：針對提取影的動態偵測狀態調整，遮罩邊緣臨界值在前景與背景間的狀態。

• Edge Detection 邊緣偵測模式：有 Balanced 平衡模式，以及 Favor Current Edges 當前影格偵測，以及影像邊緣不清楚時的 Favor Predicted Edges 預測邊緣。

• Use Alternate Color Estimation 替代顏色評估：用在遮罩感知效果欠佳時。

➢ Invert Foreground/Background 反轉選取範圍。

➢ Fine-tune Roto Brush Matte 轉描遮罩細調。

➢ Fine-tune Refine Edge Matte 邊緣遮罩細調（毛髮邊緣處理）。

➢ Smooth 滑順度、Feather 羽化度、Contrast 對比度、Shift Edge 遮罩邊緣偏移，Chatter Reduce 邊緣降噪模式（detail 保留細節／smooth 滑順化），以及 Reduce Chatter 邊緣降噪。

➢ Use Motion Blur 動態模糊處裡。

➢ Decontamination Edge Colors 邊緣淨化。

❖ 傀儡釘工具組：透過工具釘選，將圖片轉化為多邊形結構，以權重概念來調整變形範圍，是一種以圖像區域變形為基礎的動畫效果，提供更為直覺簡易的動畫製作方式，工具設定說明如下：

◆ ✦Puppet Position Pin Tool 釘選位置：可視同動畫關節般，下釘於關節處，並以黃色節點顯示，圖釘節點以漸層式的權重影響圖塊的變形狀態，圖釘自動開啟關鍵影格，可記錄時間軸上的節點變形位置成補間動畫。工具圖示旁有外部設定可協助編輯，Mesh Shadow 多邊形圖塊檢視開關、Expansion 影響邊緣擴張，設定變形影響邊界寬度，以及 Density 多邊形密度，多邊形數量越多，變形效果越順但記憶體負擔相對較大，操作預覽較易延遲，Record Options 則可設定動畫品質。

◆ ✦Puppet Starch Pin Tool 釘選定型：釘選區域會箝制變形狀態，防止過分的變形造成扭曲破圖，以紅色節點顯示。

◆ ✦Puppet Bend Pin Tool 釘選彎曲：可對釘選區域縮放和彎曲轉動變形，節點與環形控制器以棕色顯示。

◆ ✦Puppet Advanced Pin Tool 進階圖釘：結合 Puppet Position 和 Puppet Bend 兩種功能，節點與環形控制器以綠色顯示。

◆ ✦Puppet Overlap Pin Tool 釘選層次：以百分比的方式定義落點區域的層次，In Front 數值越高層次越高。並可透過子屬性 Extent 來定義落點處的影響範圍，以白色不透明度顯示落點區域的層次高低。

可在圖層選單中選擇 Legacy 傳統模式或 Advanced 進階模式，傀儡釘功能屬性在圖層下的 Effects > Puppet > Mesh > Deform，每個變形圖釘都可以透過 Pin Type 下拉選單選擇功能種類。

1-3-3　動畫與時間軸

　　時間軸是數位動畫的基本架構，在 After Effects 中，圖層面版和時間軸介面是密不可分的，幾乎所有的屬性都可以在時間軸上進行動態的編輯，After Effects 是以關鍵影格為主的補間動畫技術，數位形式的補間動畫，將逐格動畫必備的律表概念，設計進 Graph Editor 速度曲線編輯器中，這是藏在時間軸界面下的重要時間編輯觀念，也是創作數位動畫或動態設計必須要掌握的知識。

1. 時間軸介面

[A] 比例尺　[B] 工作區　[C] Comp Marker 標籤　[D] Layer Marker 圖層標籤　[E] 設定 Comp 標籤　[F] Comp 標籤內容編輯

　　時間軸上的比例尺可以縮放時間顯示段位，工作區則是劃定算圖範圍，標籤有 Comp Marker 和 Layer Mark，善用 marker 標籤除了有助於作業管理外，在專案協作上，也有助於讓關聯的作業人員了解編輯狀況。Comp Marker 設定的方式有二，一是透過 E 處按鈕，在 Time Indicator 指標的時間位置上產生 Comp 標籤，二是透過快捷鍵 Shift+數字鍵來對時間軸下標籤，對標籤雙擊兩次則可進入標籤內容編輯，可輸入註解，設定標籤色以及劃定 Protect Region 保護區，保護區可以將標籤從標定時間點改成標定時間區段，其實按住 Alt 鍵+左鍵點選拖曳任何標籤，就可以達到上述的時間區段劃定，不同之處在於，當

Comp 以 Pre-composition 圖層狀態存在時，所有 Comp Marker 皆可編輯，唯獨被設為保護區的時間段是無法被編輯的；標籤內容如只有初始設定的數字，則按對應的數字鍵則可跳到標定的時間點，但需特別說明的是 2023 版的 After Effects 如要使用快捷鍵（按住 Shift+數字鍵）的方式設定 Comp Marker，則須進入 Edit > Preferences > 3D…設定選單中，關掉 Use 1/2/3 for navigation and 4/5/6 for transform gizmos。Layer Marker 圖層標籤則是對圖層設定時間標籤，設定方式是在選定的圖層時間點上按*鍵。

2. 關鍵影格

關鍵影格是數位補間動畫的基礎，After Effects 大部分的屬性和效果參數都可以設關鍵影格，按下屬性參數前的碼錶，轉為藍色 啟動關鍵影格紀錄狀態，After Effects 的關鍵影格有 10 種速度變化如下圖所示：

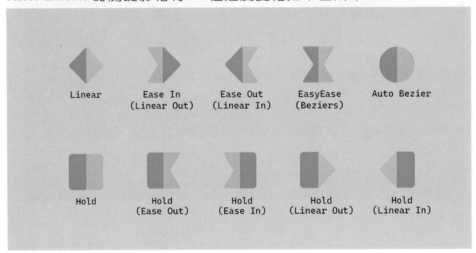

在時間軸上關鍵影格的預設狀態為 Linear 線性，以 菱形顯示，兩個數值相異的關鍵影格之間，自動運算出動畫效果。線性動態是最基本的速度表現，代表等速運動，點選關鍵影格，滑鼠右鍵 > Keyframe assistant > Easy Ease，或是以 F9 鍵替代選單指令，將 Linear 線性轉為 Easy Ease 漸入／漸出的速率變化，讓動態的元件有加速和減速的自然運動。另外常用的有可將速率關鍵影格間的動作速率一致化的 Auto Bezier，以及將動作定格的 Hold 等等，其餘六種皆由上述四種關鍵影格的變化組合，透過 Graph Editor 速度曲線編輯，

不但可觀察關鍵影格在時間軸上的速度變化,透過速度曲線的切線斜率的編輯調整,讓動畫在速度表現上更具張力與個性。

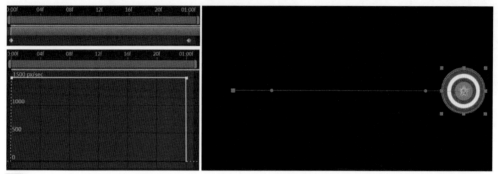

◆ Linear 線性運動為等速運動,左邊 Motion Path 運動路徑上的格點代表影格,頭尾方點代表關鍵影格,等速狀態下格點之間等距,右下為 Graph Editor 速度曲線編輯器中,Edit Speed Graph 速度曲線編輯模式。

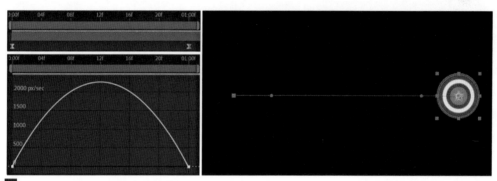

✕ Easy Ease 漸入/漸出為動態模擬加速/減速運動,Motion Path 上格點的間距隨著速度變化,速度越快間隔越寬,越慢則間隔越窄。

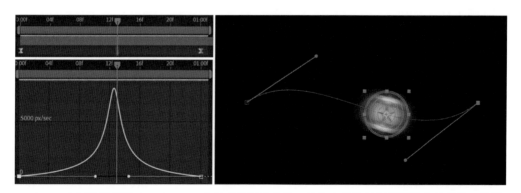

Motion Path 運動路徑與 Speed Graph 曲線都是貝茲曲線,故均有曲線控制桿調整曲線狀態,透過控制桿將 Speed Graph 曲線速率變化,往運動時間的中段擠壓,讓物體運動的加速/減速狀態更明顯,增加動態的視覺張力,透過 Graph Editor 的調整來誇張速度表現,是動態設計常用的手法。

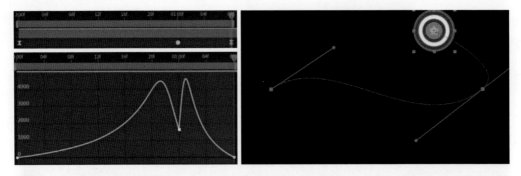

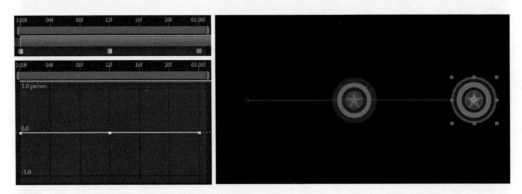 Auto Bezier 點選關鍵影格，右鍵 > Rove Aross Time，或按住 Ctrl 點選關鍵影格。Auto Bezier 可將兩個不同速率變化的時間區段，調整為速率一致且順暢。

Hold 點選關鍵影格，右鍵 > Toggle Hold Keyframe，或按住 Ctrl+Alt 點選關鍵影格。只有位置的變化無運動表現，速率為 0，會因為關鍵影格的之前狀態，使得圖示的半邊顯示有所不同，例如： ，但不影響特性。

3. Expression 表達式

透過 Expression 表達式的運用，可大幅強化大部分屬性在使用變化上的彈性，After Effects 的表達式，在運算式和函數式等等的語法規則是基於 JavaScript 的編寫方式，精通表達式的使用，可簡化需要大量手動關鍵影格的動畫製作工序，按住 Alt 鍵點選屬性的碼錶圖示，既可在屬性對應的時間軸位置下達表達式指令，受到表達式控制的屬性參數會以紅色表示。

❖ 表達式在屬性下拉欄位的功能開關介紹如下：
   ◆ ■ 表達式啟動開關。

- ◆ 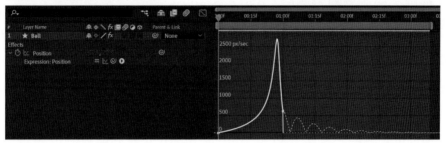 表達式速度曲線顯示：Graph Editor 一般無法顯示表達式所形成的動畫的速度曲線，此功能可以在 Graph Editor 中，以虛線顯示表達式動畫的速度曲線。

- ◆ ◎ 函數式鞭選器：可將屬性的表達函式與其他功能屬性連結。
- ◆ ▶ 函式列表：羅列所有可用的表達式函式選單。

❖ 常用表達式：

- ◆ Loop 循環動態：表達函式為 loopIn（ ）或 loopOut（ ），loopIn 可對第一個關鍵影格前的時間區段做循環動態，loopOut 是對最後一個關鍵影格後的時間區段做循環動態。Loop 函式中可有 cycle、pingpong、offset、continue 四種狀態：
  - ➤ loopOut（"cycle"）／loopIn（"cycle"）：重複單向動態循環。
  - ➤ loopOut（"pingpong"）／loopIn（"pingpong"）：以來回型式重複動態。
  - ➤ loopOut（"offset"）／loopIn（"offset"）：可在時間區段內不斷累加屬性動態的數值。
  - ➤ loopOut（"continue"）／loopIn（"continue"）：可在時間區段內不斷累加最後關鍵影格的速率。

- ◆ Wiggle 隨機震動：可讓屬性數值呈現隨機的變化，表達函式為 wiggle（每秒變化的次數，每次變化的幅度）。例如：對 Position 下達 wiggle（4,50），意指每秒位置移動 4 次，每次隨機移動 50 像素。

- ◆ Time 持續：讓屬性持續的變化，表達函式為 time*變化速度+偏移值。例如：對 Rotation 設定 time*40+100，意指物件在當前角度 +100 度後，以每秒 40 度順時針旋轉（偏移值為非必要函數）。

1-3-4 特效濾鏡與擴充性

　　在操作環境上方選單列的 Effect 下收納特效濾鏡，在 Composition 中點選外部匯入的影音素材圖層、Solid、Null Object、調整圖層或 Composition，套用 Effect 選單下相應的特效濾鏡。如果把時間軸與合成相關的特性視為 After Effects 如根一般的基本架構，那特效濾鏡無疑就是如花朵般精彩多變的生命組合，AE 豐富的內建特效濾鏡是它受歡迎的原因，有些濾鏡與 Photoshop 有很大相似度，差別在於時間軸下，數值基於關鍵影格的變化性，譬如 Effect > Color Correction 調色濾鏡組，以及 Blur & Sharpen 模糊與銳利度濾鏡組下的效果等等，有些濾鏡效果非常外顯，讓人樂於直覺式的套用；有些濾鏡效果卻很隱晦，讓人摸不著頭緒，需要與其它濾鏡相互搭配，結合巧用才能發現其奧妙之處，有些濾鏡的參數簡單易用；有些濾鏡的參數組合盤根錯節，甚至有如榕樹分枝成柱的氣根一般，貌似獨立而生且功能強大的軟體，譬如用以轉描和攝影機追蹤對位的 Boris FX Mocha > Mocha AE，以及 Simulation > CC Particle 系列粒子效果濾鏡，它們特殊的名稱，表明了這些濾鏡並非 Adobe 原生的產物，而是第三方公司開發的優秀插件，在歷代改版中被吸納成為強化 After Effects 功能的特效濾鏡，眾多的優化補強各項 AE 功能，以及滿足不同專業面向的第三方插件、擴充功能和腳本，強大的擴充性也是 After Effects 歷久不衰的原因。

1. Script 腳本、Extension 擴充功能與 Plug-in 插件的區別

　　Script 腳本是由 JavaScript 所編寫成的自動程序，以製作出某些特殊效果，或為了滿足作業上的特殊需求而客製化的程序，甚至是優化原有功能，且容量也較輕。Extension 則是由 HTML、CSS、JavaScript 或 XML 等網頁語言所構成，所以 Extension 擴充功能大多有設計美觀，甚至是動態的 UI 使用介面，在操作上的整合性更強，甚至可跨平台（Illustrator, After Effects, Premiere），使用 Extension 可從操作環境上方 Window > Extensions。Plug-in 插件則是由 C++ 或 C 程式語言所開發，於上述兩者最大不同之處在於，Plug-in 可以取用到系統資源，譬如 CPU、GPU 和 CUDA 加速等等，對色彩空間和影像的處理能力，也是上面兩者達不到的，有的插件幾乎是完整的應用程式，功能也是三者中最強的並有跨平台的兼容性，當然價格也較高。

2. Script 腳本、Extension 擴充功能、Preset 預設效果與 Plug-in 插件 安裝

After Effects 的四種可外加的功能有各自安裝的資料夾地點與方式：

❖   Script 腳本副檔名為「.jsx」或「.jsxbin」：

◆ 安裝前請先至 Edit > Preferences > Scripting & Expressions，並勾
選第一個選項 Allow Scripts to Write Files and Access Network。

◆ 將腳本檔置入 C:\Program Files\Adobe\dobe After Effects
2023\Support Files\Scripts\ScriptUI Panels。

◆ 重啟 After Effects 後，可在選單 Edit > Prefrences > Scripting &
Expressions 下找到腳本並點開啟動。

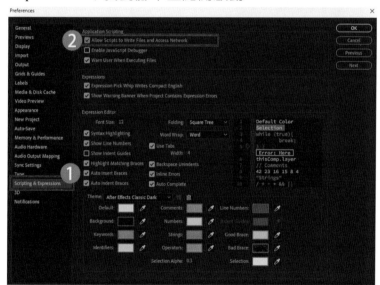

❖   Extension 擴充功能副檔名為「.zxp」：

◆ 安裝擴充功能最直接的方式，是先安裝 ZXP/UXP Installer，請至
https://aescripts.com/learn/zxp-installer 下載安裝程式，再將 zxp 拖
入安裝程式視窗中。

◆ 重啟 After Effects 後，可在 Window > Extensions 選單下找到擴充
功能，並點開啟動。

❖   Preset 預設效果副檔名為「.ffx」：

◆ 將腳本檔置入 C:\Program Files\Adobe\Adobe After Effects
2023\Support Files\Presets。

- ◆ Effects & Presets 介面中可找到完成安裝的預設效果。
- ◆ 可將常用的特效濾鏡存成預設效果，在 Effects Controls 面板中，shift 鍵連選要存為 preset 的濾鏡後，點選 Animation > Save Animation Preset...將選取濾鏡存為預設效果。

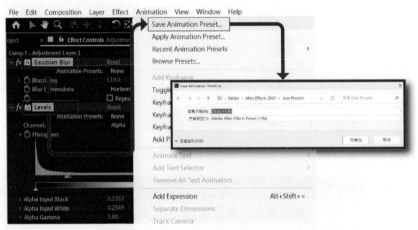

- ❖ 🎬 Plug-in 插件副檔名為「.aex」或「.plugin」:
  - ◆ 有 些 大 型 插 件 會 有 自 動 安 裝 程 序 ， 一 般 插 件 可 直 接 置 入 C:\Program Files\Adobe\Adobe After Effects 2023\Support Files\Plug-ins。
  - ◆ 重啟 After Effects 後在 Effect 選單下啟動插件。

1-3-5　作業環境設定

從專案作業環境 Project Settings 和 Composition Settings 談起。File > Project Settings 進入專案作業環境設定，跟一般使用者較相關的設定如下：Vedio Rendering and Effect 中的 Mercury 水星算圖引擎支援 GPU 算圖，與 Nvidia 輝達開發的 CUDA 圖形運算加速整合，故有張好的顯示卡，絕對在執行和算圖效能的提升上有莫大的幫助。

Time Display Style 可設定作業環境以 time code 時間編碼或 frame 影格顯示為主。Color 選單可對作業環境的色彩空間做設定，Bit depth 色彩位元深度內定以 8 位元為主，依專案的需求可以調整 16 或 32 位元，色彩位元深度決定影像在色彩表現上的細緻程度，在色彩解析效能較高的顯示設備，才有足夠條件讓觀者分辨出不同色彩深度下的影像差異，最顯著之處會在暗色調下的畫面細節表現。

Edit > Preferences 可從各個面向對作業環境做設定，細項不少故不一一詳述，單就常用的重點設定做說明：Preview 針對快速預覽運算畫質做設定，以及在 AE 開啟後但無運作的 idle 狀態下，可自動進行預覽算圖 cache frames when idle，充分利用離開座位泡杯咖啡的時間。Display 下的 motion path 可設定動畫物件的動態路徑顯示狀態，預設值為 all keyframes 路徑上顯示所有動畫影格。Input 選單是關於各種素材匯入，在時間上的基本設定：圖片類素材 still footage 匯入的時間長度，以及序列圖片素材 sequence footage 匯入的格率 frame per second（FPS）每秒播放的影格數，video footage 影片素材選項，則是針對 NTSC 要以 drop frame（DF）或 none-drop frame（NDF）的狀態匯入，DF 和 NDF 是傳統類比式影片撥放規格 NTSC 29.97 fps 格率下所延伸的問題，這在與電視台相關的後期工作中，可能會需要注意的時間設定。Labels 與 Appearance 可設定作業環境的視覺外觀。New Project 設定中，可指定現存的專案檔（.aet, .aep, .aepx）作為預設值。透過 Auto Save 可設定自動儲存的間隔時間與存檔位置，強烈建議開啟此處設定。Scripting & Expressions 可針對安裝外部腳本和描述式做設定，其中 Allow Scripts to Write Files and Access Network 內定

為關閉，安裝外部腳本必先勾選開啟後，再重新開啟 AE，方能啟動已安裝腳本。

Composition 是 AE 作業邏輯中相當重要的基礎概念，不少中文教程會直譯為「合成」，但這容易與視效的專業用語 Compositing 的中譯混淆，且合成二字也無法準確傳達涵義，故本書傾向採歐美製作端主流簡稱 Comp。對初學者而言，Comp 可能是個抽象的作業概念，方便的比喻可以將其視為「一道料理」，準備一場宴席可視為製作一個專案，對廚師而言，必須事先知道用餐人數、規劃菜色、準備食材等等，廚師需先依用餐人數和料理的狀態決定器皿的狀態和大小，是 10 人一桌的大盤，還是盛佛跳牆的甕。對初學者而言，Comp 的設定為從上方選單 Composition New Composition 新創 Comp，或點選專案面板下方的圖示 ，以及在新專案中選擇畫面中 New Composition，如下圖所示，New Composition From Footage 是選擇現存素材檔案以生成新的 Comp。

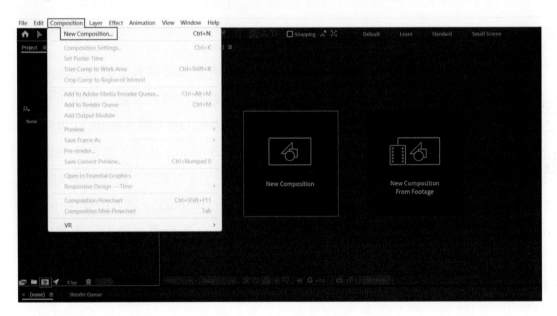

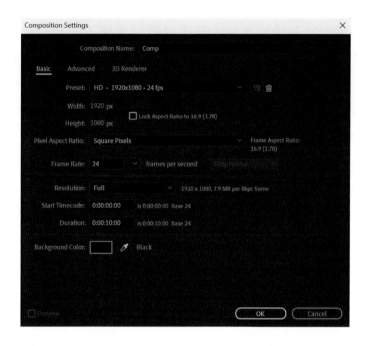

　　首先設定面板上方的 Composition Name，雖然會預設 Comp 為名稱，但強烈建議初學者需有替 Comp 命名的習慣，面板中有 Basic, Advanced, 3D Renderer 三個頁籤，此處針對最常設定的 Basic 解說，AE 允許使用者自由設定 Comp，例如影片的 Width 寬度與 Height 高度，Preset 預設亦提供常見的影片規格，單位 px 為 pixel 像素的簡寫，Lock Aspect Ratio to 16：9（1.78），為畫面是否鎖定為常見 16：9 寬畫面比例，數位影片解析規格眾多，從 SD（Standard Definition）標準解析度到 Ultra HD（Ultra-High Definition）超高解析度，常見規格如下圖。

Pixel Aspect Ratio 為像素比例，在現今數位環境下播放的影片多為 Square Pixel 正方形像素為主，DV NTSC 與 DV PAL 分指為美規與歐規電視系統，Anamorphic 為電影常用的寬螢幕變形鏡頭等，根據不同環境條件做像素比例的設定。Frame Rate 為每秒的影格播放速率，數值越高，在有高速動態的畫面中，看到的影像細節表現越清晰明顯，但亦非越高越好，觀者體驗的舒適度也是製作上須考慮的因素，一般常用的影格率為 24fps（frame per second），Resolution 解析度設定分為 Full, Half, Third, Quarter, Custom（全解析、1/2、1/3、1/4 以及自訂義）。Timecode 時間碼是後期製作中常見的影片時間規格，舉例來說完整 10 秒影片的時間碼 00：00：10：00，由左至右分為時：分：秒：影格，透過 Start Timecode 以及 Duration 設定起始的時間與長度，Background Color 可以撿色器選擇背景色。

Advanced 進階設定中的選項在多數時候不須理會，多為 motion blur 動態模糊效果在不同圖層類型下的影格取樣率、Shutter Angle 快門角度與 Shutter Phase 相位對應動態模糊的關聯等等，3D Render 頁籤內可設定 3D 算圖引擎，Classic 3D 與 Cinema 4D，Classic 3D 為傳統 3D 模式下可模擬基本的 3D 空間與光影表現，但仍不是完備的 3D 運算，嚴格而論算是 2.5D 的空間運算，AE 並非以 3D 繪圖為主的軟體，其 3D 繪圖功能本就存在本質設計上的侷限，透過與多媒體開發軟體大廠 MAXON 合作，已將旗下 Cinema 4D 3D 繪圖引擎內建到 AE 之中，補強其在 3D 繪圖能力上的不足，並提供 Cinema 4D Lit，強化對 Cinema 4D 3D 原生檔的編輯能力，此外由享負盛名的 Video Copilot 開發的 Element 3D，亦是相當優秀的 3D 插件。

1-3-6　算圖格式設定

Render 算圖是影片輸出的專門用語，AE 提供兩種算圖方式：傳統的 Add to Render Queue，以及 Media Encoder Queue。均可從 Composition 選單進入，如果你有一張支援 CUDA 的顯示卡，可透過支援 Mercury 水星算圖引擎的 Media Encoder Queue 的硬體加速，來好好運用 GPU 運算效能。同為 render queue，顧名思義便是兩者均可針對同一個專案進行多個 Comp 的算圖排程，先

點選專案面板中所要執行算圖的 Comp，再進行算圖功能執行 Add to Render Queue 會在時間軸面板處出現基本設定。

三處藍色選項，可分別對算圖品質與範圍、影音編碼與輸出位置做設定。

1. Render Setting 常用設定項目

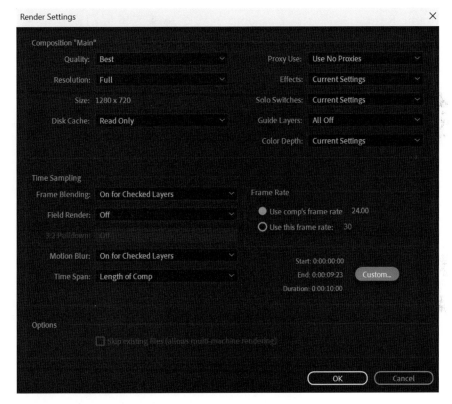

❖ Quality 品質：分為 Best 最佳、Draft 草稿和 Wireframe 框線模式。

❖ Resolution 解析度：Full, Half,Third,Quarter,Custom（全解析、1/2、1/3、1/4 以及自訂義）。

❖ Frame Blending 影格前後取樣：On for Checked Layers 對勾選的圖層開啟或對所有圖層關閉取樣效果。

❖ Field Render 圖場設定：Upper Field First 上圖場優先或 Lower Field First 下圖場優先，通常在 interlace 交錯式掃描影片，才須視影片狀況設定的選項，與之對應的非交錯式掃瞄 Progressive 則無圖場的問題。

❖ Motion Blur 動態模糊：可選擇對勾選的圖層或全部圖層開啟動態模糊效果。

❖ Time Span 時間長度：設定算圖的時間長度是以 Length of Comp 以 Comp 的長度算圖，WorkArea Only 工作區尺標劃定範圍或是 Custom 自訂時間區段。

❖ Frame Rate 影格率：可以 Comp 的設定為準或是另訂影格率。

2. Output Module Settings 常用設定項目

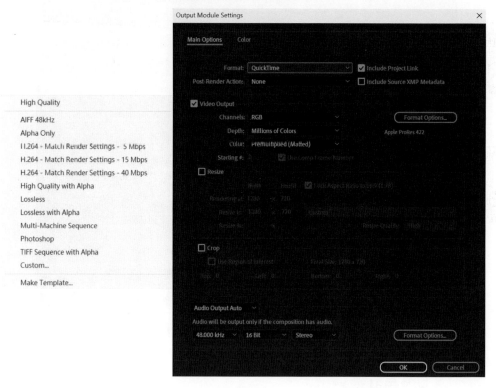

❖ Format 編碼格式：概分為序列圖檔格式 Sequence、聲音格式 AIFF, MP3, WAV、影音格式 AVI, QuickTime, H.264，AVI 是微軟在 1992 年開發的影音資源交換格式（Resource Interchange File Format，簡稱 RIFF），屬於「容器」格式，壓縮度極低，雖然畫質保存度高但是檔案容量過大，

且編碼器眾多複雜，較不適合現今數位環境的需求，除有特殊狀況，故不建議採用此格式輸出。

❖ Post-Render Action：在有複合狀態較複雜的 Comp，善用此選項會加速算圖。譬如選擇算圖的 Comp 中含有狀況較複雜的 Comp 圖層物件，此選項可以令 AE 把內含的 Comp 算成影片檔並置換，加快整體算圖時間。

❖ Video Output：設定影片輸出規格，Format Options 可對所選擇的編碼格式，做細部的視訊編碼器選擇，Quicktime 的 Apple ProRes，在影片容量與畫質的平衡上都是不錯的選擇。Channels 選項可針對 RGB 色彩通道和 Alpha 非色彩通道做輸出設定，Depth 為色彩深度選擇，Color 選項與 Alpha 非色彩通道的合成相關，Premultiplied 將透明資訊分存於 Alpha Channel 與背景色中，而 Straight 則是將透明資訊完全存於 Alpha Channel 之中，乍看之下，Straight 在圖像合成的邊緣表現糟糕嚇人，但實際應用上，兩者的選擇取決於算出的影像是否需要再匯入其它軟體中再製，用 Premultiplied 算出的圖像，在其它軟體中有可能得到很尷尬的邊緣狀態，反之調整得當的 Straight 影像不但算圖速度會相對較快，且也有如下方 Premultiplied 一樣的邊緣品質。

Premultiplied（Matted）　　　　　Straight（Unmatted）

3. 其他說明

Resize 可調整輸出的畫面大小，Crop 則是對輸出的畫面，做四邊的範圍設定。Audio Output 則是聲音輸出的相關設定。回到 Render Queue 主面板 Output Module 旁 ➕➖，可以增減輸出多種影音規格的設定。Log 選擇算圖資料紀錄。最後 Output To 設定檔案輸出路徑與檔名，勾選設定視窗下方 Save in subfolder 可將檔案會出於子資料夾中，設定資料夾名稱。

完成三項算圖設定後，Render Queue 面板右上方 Render 進行算圖，旁邊 Queue in AME 則是將算圖排程匯進 Adobe Media Encoder 中執行算圖。

 奇怪的知識：執行算圖序列時，如果聽到**一點都不可愛的羊叫聲**，代表算圖因出了某些問題導致失敗，但有另一種方式可以讓這隻羊的叫聲變得**很 可 愛**，當同事、同學、老闆或老師成為背後靈時，開啟 Effect Controls 面板，Shift+左鍵點選面板上方顯示 Comp 圖層名處，也可啟動羊叫聲呦。*嚴禁考場中使用*

Adobe Media Encoder 是獨立於 AE 之外的算圖引擎（以下簡稱 AME），Adobe 另一套後期剪輯軟體 Premiere，亦是透過 Media Encoder 進行影片算圖輸出，點選專案面板中要執行算圖的 Comp 後，再點選 Composition > Add to Media Encoder Queue 進入，AME 以 Mercury 水星算圖引擎為核心，執行 GPU 算圖故建議多加使用。

[A] 可新增、刪除、複製與編輯算圖序列　[B] 輸出規格設定　[C] 設定輸出檔名與路徑　[D] 影音輸出進階設定　[E] 畫面預覽　[F] 時間區段設定　[G] 算圖執行／停止算圖序列

　　可從 A 到 G 逐一設定 AME 中各項參數後執行算圖，A 處可以編輯算圖排程，序列視窗底部「演算器」可選擇啟動水星引擎的 GPU 硬體加速功能，裝有支援 CUDA 的顯示卡，可選擇 GPU 加速，B 處設定算圖規格與規格支援的編碼器，C 處設定算圖輸出檔名和路徑，D 處影音編碼器的進階設定區，從畫面解析度變更、字幕的匯出選項到對應顯示器的色域和色彩描述空間等等，可以做到相當詳細的設定。F 區的時間軸設定算圖時間區段，G 區 ▶ 可啟動算圖程序，算圖執行中可按 ■ 停止序列運行。

1-3-7 常用快捷鍵

1. 工具快捷鍵

- 選擇工具：V
- 手型工具：H
- 放大鏡工具：Z
- 旋轉工具：W
- 攝影機：C
- 錨點工具：Y
- 形狀工具：Q
- 鋼筆工具：G
- 文字工具：Ctrl+T
- 筆刷／橡皮擦工具：Ctrl+B
- 傀儡釘工具：Ctrl+P

2. 圖層屬性快捷鍵

- 位置：P
- 縮放：S
- 旋轉：R
- 不透明度：T
- 展開關鍵影格屬性：U

3. 操作快捷鍵

- 步驟回復：Ctrl+Z
- 存檔：Ctrl+S
- 拷貝：Ctrl+C
- 貼上：Ctrl+V
- 複製：點選圖層物件或效果 Ctrl+D
- 素材匯入：Ctrl+I
- 新增 Comp：Ctrl+N
- Comp 設定：點選 Comp Ctrl+K
- Pre-Comp：點選圖層 Ctrl+Shift+C
- Render Queue：點選 Comp Ctrl+M
- 刪除濾鏡效果：Ctrl+Shift+E
- 新建色卡圖層：Ctrl+Y
- 新建文字圖層：Ctrl+Shift+T
- 新建調整圖層：Ctrl+Alt+Y

4. 時間軸編輯快捷鍵

- 前進/後退 1 格：Ctrl+→／←
- PageUp/PageDown
- 上一個關鍵影格：J
- 下一個關鍵影格：K
- 設置圖層入點：[
- 設置圖層出點：]
- 跳到圖層入點：I
- 跳到圖層出點：O
- 裁減目前時間點之前：Alt+[
- 裁減目前時間點之後：Alt+]
- 設定工作區域起始：B
- 設定工作區域結束：N
- 預覽算圖：Space
- EasyEase：點選關鍵影格+F9
- 從目前時間點裁減圖層並一分為二：Ctrl+Shift+D
- 增加時間軸標記：Shift+（數字鍵）
- 增加圖層時間標記：數字鍵盤*
- 顯示關鍵影格：U

CHAPTER 2

動態與視覺特效認證篇

After Effects CC

2-1 認證規範

2-2 動態表現能力題庫

2-3 合成視覺特效表現能力題庫

2-1 認證規範

2-1-1 第一類 動態表現能力

	技能內容
1.	專案建立設定
2.	素材管理
3.	圖層管理（命名、色標、shy etc.）
4.	運用 guide layer, marker, guide option, region of interest etc.進行前置作業
5.	作業環境設定
6.	算圖格式設定
7.	圖層觀念
8.	動畫基本設定
9.	shape layer 屬性運用
10.	text animators 字元動態
11.	動畫相關工具
12.	遮罩觀念
13.	keyframe assistant and graph editor
14.	motion path 路徑動畫
15.	轉場動態
16.	物件轉換
17.	時間佈局

18.	Expression 基礎語法應用
19.	基本合成概念
20.	後製調色概念
21.	濾鏡效果

技能內容說明：評核受測者具備動態設計表現應用能力。

2-1-2　第二類　合成視覺特效表現能力

技能內容	
1.	專案建立設定
2.	素材管理
3.	圖層管理（命名、色標、shy etc.）
4.	運用 guide layer, marker, guide option, region of interest etc.進行前置作業
5.	作業環境設定
6.	算圖格式設定
7.	3D 基礎概念
8.	攝影機操控
9.	燈光與材質
10.	追蹤與對位
11.	圖層觀念
12.	圖層元件應用
13.	去背技巧

14.	動態遮罩觀念
15.	z-depth compositing
16.	素材合成與畫面整合
17.	調光調色觀念
18.	特效濾鏡應用
19.	時間效果
20.	Expression 基礎語法應用
技能內容說明：評核受測者具備視覺特效表現應用能力。	

2-2 動態表現能力題庫

2-2-1 題庫及解題步驟

101 紅綠燈　　　　　　　　　　　　☑易 □中 □難

1.題目說明：

本題設計目的在於掌握 After Effects 中基本圖層、文字圖層與特效的運用，了解圖層裁切操作，與 Pre-compose 增加合成效率，使用 Toggle Hold Keyframe 設定動態完成一段精確的紅綠燈動畫。

2.作答須知：

(1) 請至 C:\ANS.CSF\AE01 目錄開啟 **AED01.aep** 設計。完成結果儲存於 C:\ANS.CSF\AE01 目錄，檔案名稱請定為 **AEA01.aep**。

(2) 指定元件及素材請至 Data 資料夾開啟。

(3) 完成之檔案效果，需與展示檔 **Demo.mp4** 相符。

(4) 除「設計項目」要求之操作外，不可執行其它非題目所需之動作。

3.設計項目：

(1) 開啟 **AED01.aep** 製作倒數動畫：

- ◆ 將文字圖層改為在 02:00 出現，並使用「Toggle Hold Keyframe」做出精確倒數，於 02:00 至 05:00，每隔一秒倒數一數字，由 3 至 1 最後文字消失，效果請參考展示檔。

(2) 修改段落時間點：

- ◆ 剪輯所有圖層，製作綠燈出現時間為 00:00 至 05:00，倒數數字為 02:00 至 05:00，黃燈為 05:00 至 08:00，紅燈為 08:00 至 10:00，效果請參考展示檔。

03:00

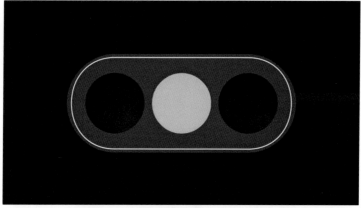

07:00

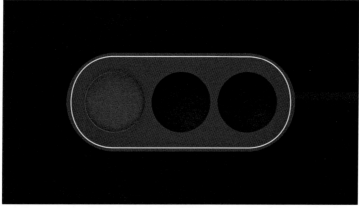

09:00

(3) 製作黃燈：

◆ 設定黃燈動態，每 10 幀使用「Toggle Hold Keyframe」，做出閃爍效果，效果請參考展示檔。

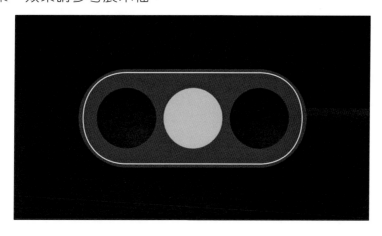

(4) 製作點陣化效果：

◆ 將所有亮燈及數字圖層 Pre-compose，套用「CC Ball Action」特效製作網格視覺。

◆ 新增白色 Solid 至底部作為背景，效果請參考展示檔。

(5) 輸出 main 版面 00:00 至 10:00 成影片於 C:\ANS.CSF\AE01 目錄，Format：H.264 並命名為 **AEA01.mp4**。

4.評分項目：

設計項目	配分	得分
(1)	10	
(2)	10	
(3)	10	
(4)	10	
(5)	10	
總分	50	

解題說明：101 紅綠燈

(1) 製作倒數動畫：

Step 1. 點選文字圖層，將開頭拖移到 02:00 處，依序展開選單找到
「Character Offset」，並在 02:00 到 05:00 之間，每隔 1 秒減 1，設
置關鍵影格，做出倒數動畫。

🔎 NOTE　　文字圖層特有的 Animate 動畫控制器的變化相當豐富，如 1-2-3 圖層元件
所介紹，Character Offset 便是常用的動畫控制屬性之一，可對數字和英
文字母圖層，做數值＋與－的順序控制，點開 Animate 清單後選擇
Character Offset，便可對文字圖層增加 Character Offset 動畫屬性。

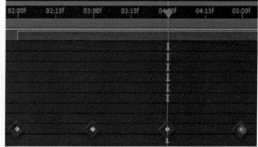

Step 2. 對關鍵影格右鍵點選「Toggle Hold Keyframe」就能做出精確倒數，
將時間線移至 05:00 處，按 Ctrl+】將後段部分切除。

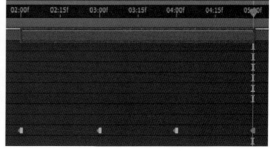

🔍 NOTE　關鍵影格的種類與特性，請參考 1-3-3 動畫與時間軸介紹。

(2) 修改段落時間點：

Step 1. 運用 Ctrl+【與 Ctrl+】剪輯所有圖層：

- ◆ 「Green」圖層為 00:00 至 05:00。

- ◆ 「Yellow」圖層為 05:00 至 08:00。

- ◆ 「Red」圖層為 08:00 至 10:00。

(3) 製作黃燈閃爍：

Step 1. 調整「Yellow」圖層的 Opacity 的數值，且每 10 幀使用「Toggle Hold Keyframe」，做出閃爍效果。

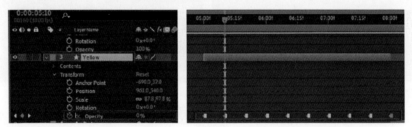

(4) 製作點陣化效果：

Step 1. 將所有亮燈及數字圖層全部選取並滑鼠右鍵點選 Pre-compose 合併起來。（上方選單：Layer>Pre-compose…）

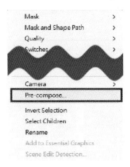

Step 2. 套用「CC Ball Action」特效（路徑：Effect > Simulation > CC Ball Action）製作網格視覺，並適當調整網格的大小。

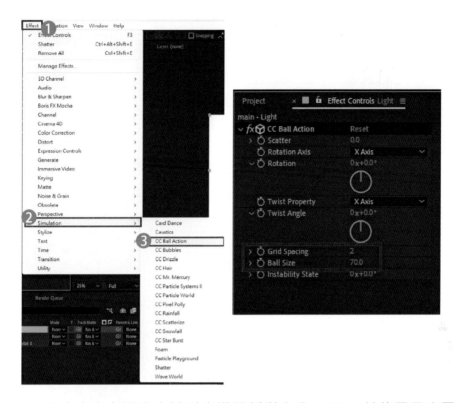

Step 3. 下方空白處滑鼠右鍵叫出選單新增白色 Solid，並放置最底層。

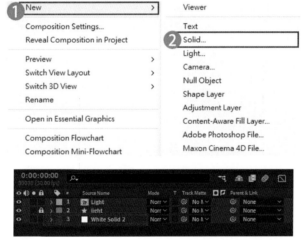

(5) 輸出影片：

Step 1. 點選專案面板，File > Export > Add to Render Queue 開啟 Render Queue 介面。

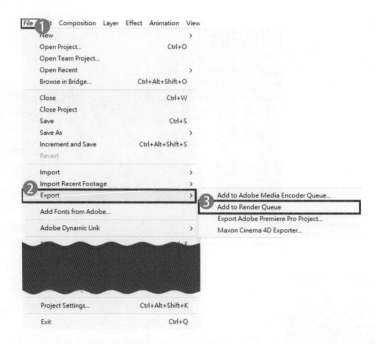

Step 2. 點擊圖中 A 處打開設定介面，設定 Format: H.264，再點擊 B 處，更改檔名為 **AEA01.mp4**，並設定儲存位置。

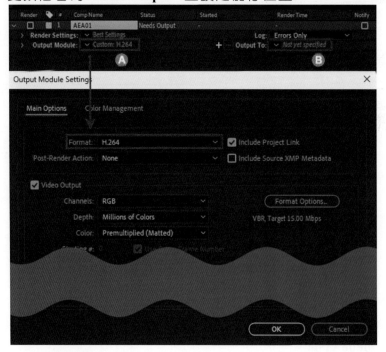

Step 3. 點擊 Render 鍵輸出。

NOTE 算圖詳細說明請參考 1-3-6 算圖格式設定。

102 Circle Shockwave ☑易 □中 □難

1.題目說明：

運用形狀圖層附加之動態屬性，與 Text Animator 文字圖層特有之動畫效果，搭配簡易特效濾鏡，以學習運用初階動態技巧，製作具說服力的視覺效果，並思考延伸的可能性。

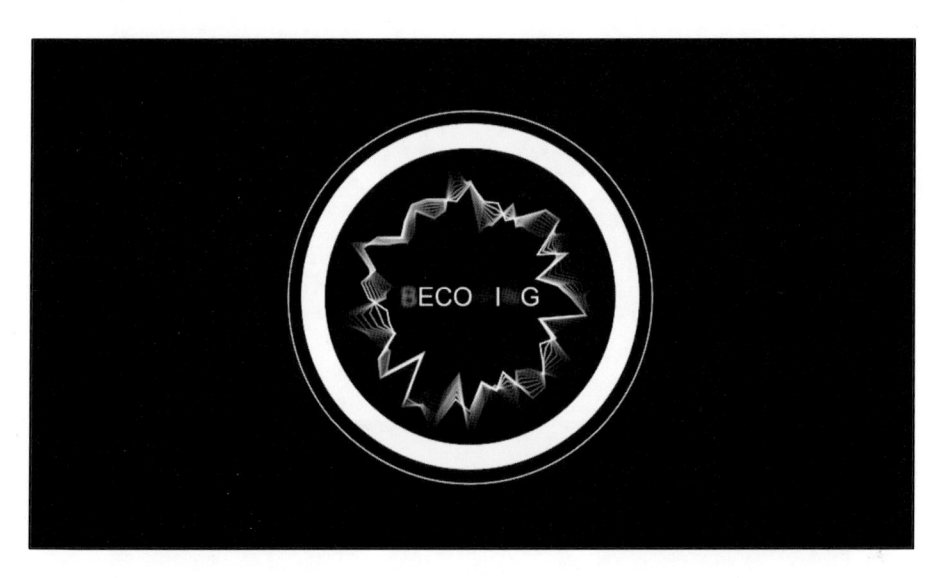

2.作答須知：

(1) 請至 C:\ANS.CSF\AE01 目錄開啟 **AED01.aep** 設計。完成結果儲存於 C:\ANS.CSF\AE01 目錄，檔案名稱請定為 **AEA01.aep**。

(2) 指定元件及素材請至 Data 資料夾開啟。

(3) 完成之檔案效果，需與展示檔 **Demo.mp4** 相符。

(4) 除「設計項目」要求之操作外，不可執行其它非題目所需之動作。

3.設計項目：

(1) 新增一個與內環內邊緣尺寸一致的正圓形狀圖層，Stroke Width：8，運用「Wiggle Paths」製作振幅效果，並設定五秒內縮放一次，效果請參考展示檔。

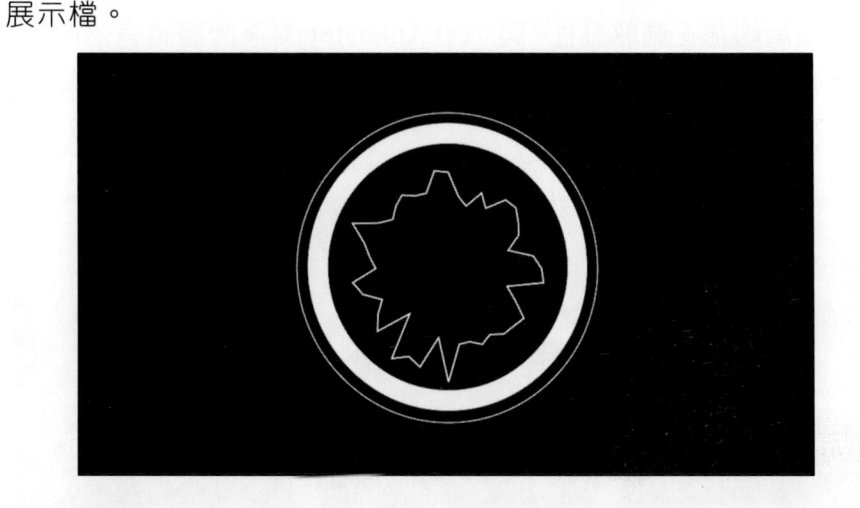

(2) 新增圖層與動畫：

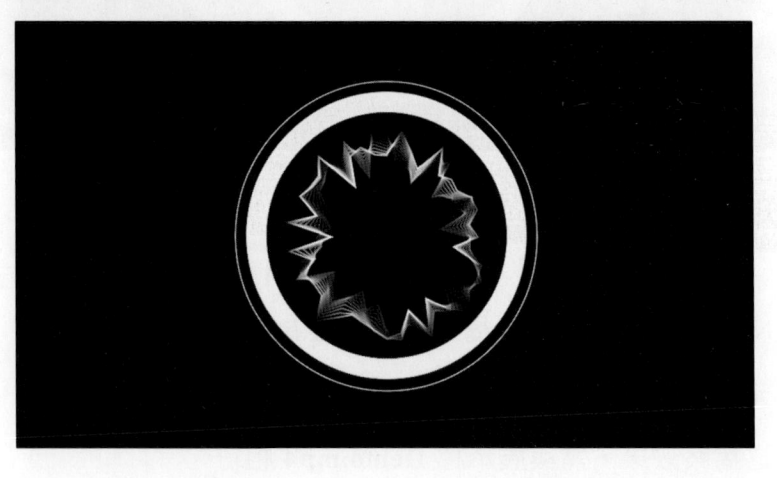

(3) 輸入「BECOMING」置中於畫面。運用 Text Animator 製作字元隨機浮現效果，動態變化由 01:00 至 03:00，效果請參考展示檔。

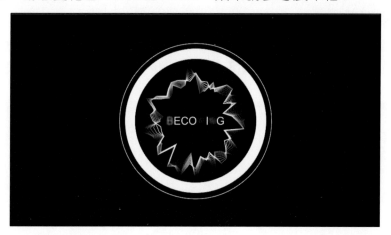

(4) 輸出 00:00 至 05:00 成影片於 C:\ANS.CSF\AE01 目錄，Format：H.264 並命名為 **AEA01.mp4**。

4.評分項目：

設計項目	配分	得分
(1)	10	
(2)	15	
(3)	15	
(4)	10	
總分	50	

解題說明：102 Circle Shockwave

(1) 製作內環振幅效果：

Step 1. 繪製一個與內環內邊緣尺寸一致的正圓形線框圖層，或直接複製 Inner 內環，將副本縮至對齊內環內邊緣，並調整筆畫寬度 Stroke Width：8。

Step 2. 在「Shape Layer 2」圖層中，點擊 Ellipse 1，再點擊 Add: ● 圖示，使用「Wiggle Paths」製作振幅效果。

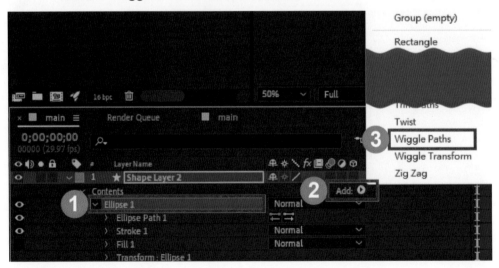

Step 3. 設定 Ellipse 1 > Scale 關鍵影格，讓震環在 02:15 時縮小，00:00 與
05:00 維持原來大小。

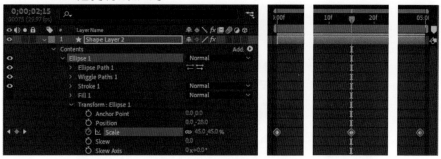

NOTE　Shape Layer 形狀圖層介紹請參考 1-2-3 圖層元件。

(2) 製作殘影視覺效果：

Step 1. 使用「Echo」濾鏡（Effect > Time > Echo），並調整適當數值。

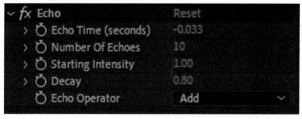

Step 2. 對「Shape Layer 2」圖層按下滑鼠右鍵選擇 Mask > New Mask。
Step 3. 點擊 Shape...開啟選單，勾選 Reset To 設為 Ellipse。

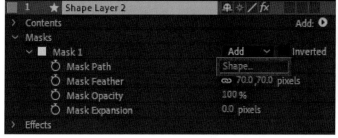

Step 4. 連點遮罩兩下，呼叫遮罩控制框，將遮罩調整至適當大小如下圖所示。

Step 5. 設定 Mask Feather 數值，使遮罩邊緣產生羽化效果。

NOTE 遮罩介紹請參考 1-3-2 工具列。

(3) 製作文字效果

Step 1. 使用文字工具 T 輸入「BECOMING」置中於畫面，字型 Arial Regular，大小 55px。

Step 2. 新增文字圖層各式屬性動畫，文字圖層的 Animate > Opacity 和 Add > Property > Blur。

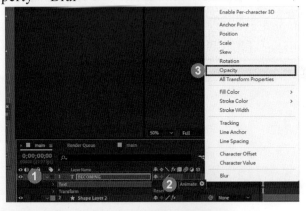

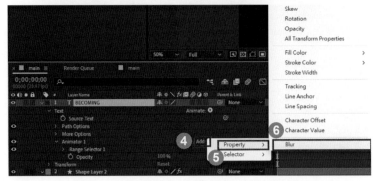

Step 3. 展開 Range Selector 1 > Advanced，調整進階參數如下：

- ◆ Shape 動作型態設為 Ramp Up。

- ◆ Randomize Order 隨機順序設 On。

- ◆ Opacity 不透明度變化 0%。

- ◆ Blur 模糊變化 55.0,55.0。

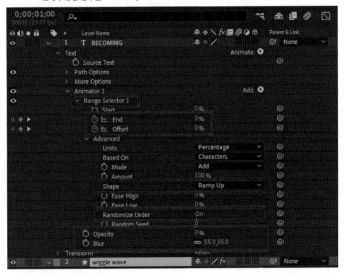

Step 4. 設定 Range Selector 1 的 End、Offset 關鍵影格，01:00 時為 0%，03:00 時為 100%。

🔍 NOTE 文字圖層介紹請參考 1-2-3 圖層元件。

(4) 輸出影片：

Step 1. 點選專案面板，File > Export > Add to Render Queue 開啟 Render Queue 介面。

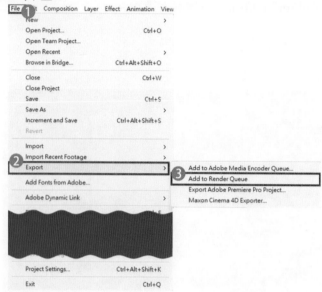

Step 2. 點擊圖中 A 處打開設定介面，設定 Format: H.264，在點擊 B 處，更改檔名為 **AEA01.mp4**，並設定儲存位置。

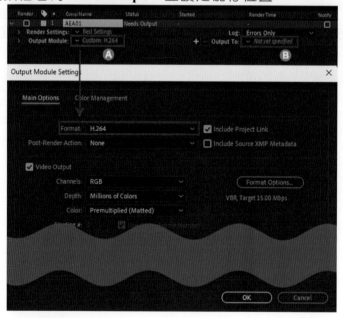

Step 3. 點擊 Render 鍵輸出。

NOTE　算圖詳細說明請參考 1-3-6 算圖格式設定。

103 水墨動畫效果的動畫影片設計 ☑易 □中 □難

1.題目說明：

使用特效讓圖像產生繪畫動態風格，使用預先製作的黑白遮罩影片進行影片去背，再以濾鏡後製調整顏色完成設計。本題著重於 After Effects 之圖層、遮罩與濾鏡技巧之綜合演練。

2.作答須知：

(1) 請建立一新文件進行設計。完成結果儲存於 C:\ANS.CSF\AE01 目錄，檔案名稱請定為 **AEA01.aep**。

(2) 指定元件及素材請至 Data 資料夾開啟。

(3) 完成之檔案效果，需與展示檔 **Demo.mp4** 相符。

(4) 除「設計項目」要求之操作外，不可執行其它非題目所需之動作。

3.設計項目：

(1) 請設定版面為 1920*1080px、Square Pixels、30fps、Resolution：Full、時長 10 秒，命名為「BK」。

(2) 以素材進行合成構圖：

◆ 放入 **BK.jpg** 為背景，並使用 **flower-matte.mp4** 將 **flower.mp4** 去背。

◆ 花朵縮放旋轉至畫面右下方，效果請參考展示檔。

(3) 將背景圖層增加筆刷效果並上色：

◆ 在背景圖層增加「Brush Strokes」特效製作筆刷效果，再套用「Hue/Saturation」特效，使用 Colorize 模式將畫面調整為藍色調，效果請參考展示檔。

(4) 將花朵影片增加筆刷效果並上色：

◆ 在花朵影片增加「Brush Strokes」特效製作筆刷效果，再套用「Hue/Saturation」特效，使用 Colorize 模式調整為粉色調，效果請參考展示檔。

(5) 設定文字去背與動態：

◆ 新增版面為 1920*1080px、Square Pixels、30fps、Resolution：Full、時長 10 秒，命名為「text」，並建立白色 Solid，置入 **text01.jpg**、**text02.jpg** 於畫面左側。

◆ 在「BK」版面，新增深藍色 Solid，再套用「Gradient Wipe」濾鏡，調整漸層圖層來源為 **BK.jpg**，並設定 Transition Completion，00:00 為 100%，03:00 為 0%。

◆ 在「BK」版面置入「text」版面，調整遮罩使文字顏色為 Solid 圖層，效果請參考展示檔。

(6) 輸出「BK」版面 00:00 至 10:00 成影片於 C:\ANS.CSF\AE01 目錄，Format:
H.264 並命名為 **AEA01.mp4**。

4.評分項目：

設計項目	配分	得分
(1)	5	
(2)	8	
(3)	9	
(4)	9	
(5)	9	
(6)	10	
總分	50	

解題說明：103 水墨動畫效果的動畫影片設計

(1) 設定版面為 1920*1080px、Square Pixels、30fps、Resolution：Full、時長 10 秒，命名為「BK」。

(2) 以素材進行合成構圖：

Step 1. 從 File > Import > File...置入 DATA 資料夾內的所有物件，並將 **BK.jpg**、**flower-matte.mp4** 與 **flower.mp4** 拖移到 BK 版面內，並調整排列順序。

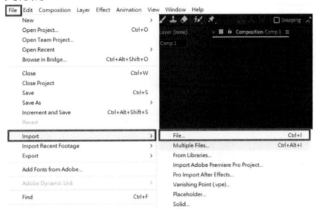

Step 2. 使用 Track Matte 把 **flower.mp4** 用 **flower-matte.mp4** 去背，按圖中順序點擊，效果如下圖所示。

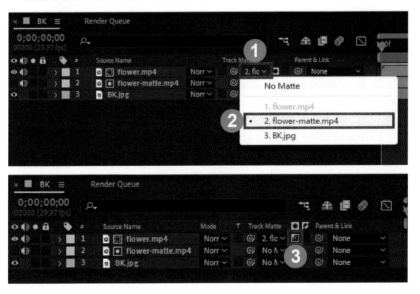

NOTE 關於 Track Matte 追蹤遮罩的介紹請參考 1-2-4 圖層屬性與觀念，以本題狀況來說，提供作為遮罩的影片，雖然跟 Alpha Channel 黑白二色的狀態一致，但該影片本身不帶 Alpha Channel 資訊，故必須選擇 Luma Matte，以明亮度去遮色，越亮白的部分保留，越暗黑的區域剔除。

Step 3. 將花朵旋轉縮放，並置於適當位置。

(3) 將背景圖層增加筆刷效果並上色：

Step 1. 在「BK.jpg」圖層增加「Brush Strokes」特效（路徑：Effect > Stylize > Brush Strokes），再套用「Hue/Saturation」特效（路徑：Effect > Color Corrction > Hue/Saturation）

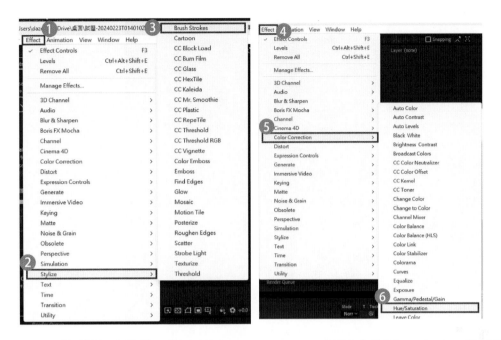

Step 2. 適當適當數值,並在「Hue/Saturation」特效中使用 Colorize 模式將畫面調整為藍色調。

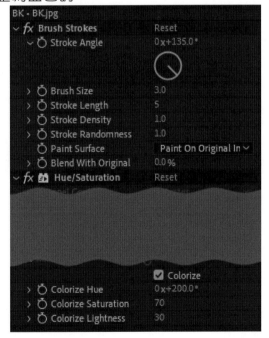

(4) 將花朵影片增加筆刷效果並上色:

Step 1. 跟 **BK.jpg** 一樣,在花朵影片增加「Brush Strokes」與「Hue/ Saturation」特效,調整適當數值,在「Hue/Saturation」特效中使用 Colorize 模式將畫面調整為粉色調。

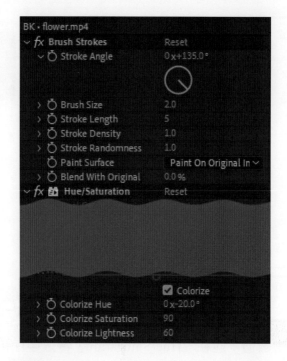

(5) 設定文字去背與動態：

Step 1. 新增版面為 1920*1080px、Square Pixels、30fps、Resolution：Full、時長 10 秒，命名為「text」。

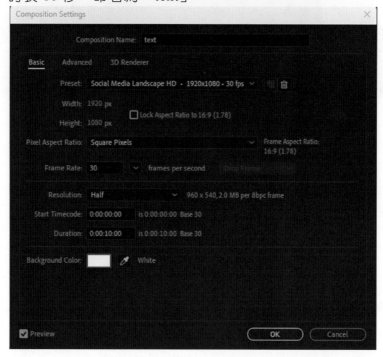

Step 2. 在 text 版面內建立白色 Solid。將 **text01.jpg**、**text02.jpg** 置入 BK 版面內,並放置於畫面左側。

🔍 NOTE 將需做效果的標題字,以獨立 Composition 的方式,整合構成標題的圖層元件,再匯進外層主要的 Comp 中做效果,是有條理的製作方式,運用 Composition 或 Pre-Compose 的群組繼承特性整理專案。

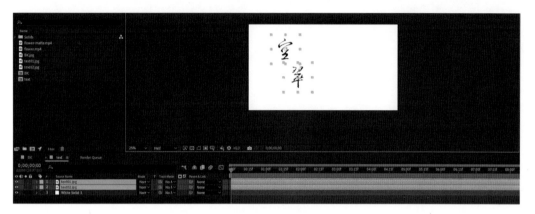

Step 3. 回到「BK」版面,按下滑鼠右鍵 New > Solid,新增深藍色 Solid。

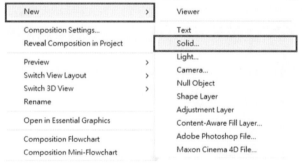

Step 4. 將深藍色 Solid 套用「Gradient Wipe」濾鏡(路徑:Effect > Transition > Gradient Wipe),調整漸層圖層來源為 **BK.jpg**。

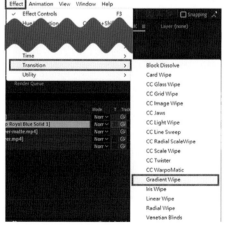

> 🔍 NOTE　Effect 選單中的特效濾鏡會依效果總類分項收納，譬如 Gradient Wipe 所歸納的 Transition，是收納跟轉場相關的特效。透過 Effects & Presets 面板也是使用特效濾鏡的方式，可透過面板上方的搜尋欄位來查找濾鏡。

Step 5. 設定 Transition Completion 的關鍵影格，時間在 00:00 為 100%，03:00 為 0%。

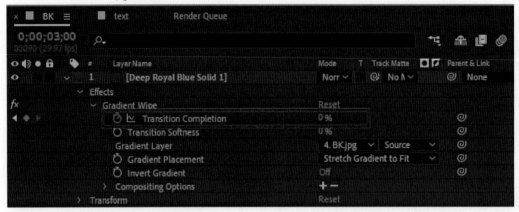

Step 6. 在「BK」版面置入「text」版面，調整遮罩使文字顏色為 Solid 圖層。

(6) 輸出影片：

Step 1. 點選專案面板，File > Export > Add to Render Queue 開啟 Render Queue 介面。

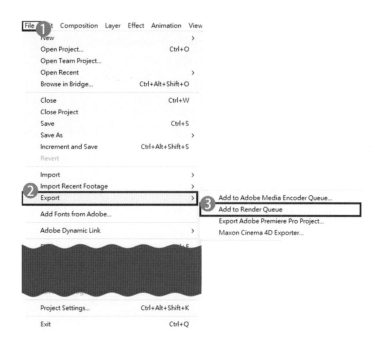

Step 2. 點擊圖中 A 處打開設定介面，設定 Format: H.264，在點擊 B 處，更改檔名為 **AEA01.mp4**，並設定儲存位置。

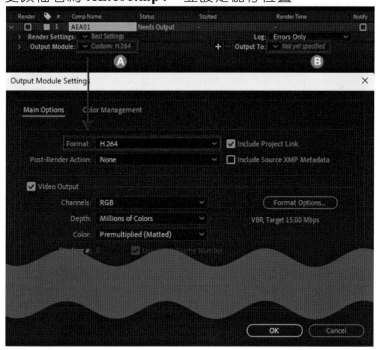

Step 3. 點擊 [Render] 鍵輸出。

NOTE　Render Queue 詳細算圖介紹，請參考 1-3-6 算圖格式設定。

104　彈跳球　　　　　　　□易 ☑中 □難

1.題目說明：

彈跳球動畫製作，是學習成熟動畫表現的方式之一，本例題以關鍵影格動畫
觀念基礎，製作出符合動畫 12 法則中：擠壓與伸展（Squash and Stretch）、
弧形（Arcs）與時間控制（Timing）三項準則的生動動畫技巧。在基礎操作
上，受測者需具備對 Layer Transform Properties、Shape Layer、Graph Editor
的認識。

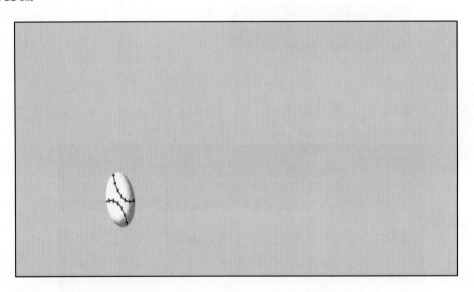

2.作答須知：

(1) 請建立一新文件進行設計。完成結果儲存於 C:\ANS.CSF\AE01 目錄，檔
　　案名稱請定為 **AEA01.aep**。

(2) 指定元件及素材請至 Data 資料夾開啟。

(3) 完成之檔案效果，需與展示檔 **Demo.mp4** 相符。

(4) 除「設計項目」要求之操作外，不可執行其它非題目所需之動作。

3.設計項目：

(1) 開新檔案：

◆ 請設定版面為 1280*720px、Square Pixels、24fps、Resolution：Full、時長 6 秒、灰色背景。

◆ 新增白色無外框正圓形 Shape Layer，命名為「ball」，效果請參考展示檔。

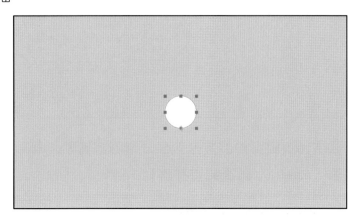

(2) 增加花紋：

◆ 複製「ball」圖層改名為「pattern」，運用 Dash 屬性製作出紅色棒球車縫線，並利用遮罩模式使車縫線只呈現在「ball」圖層範圍。

◆ 將「pattern」圖層與「ball」圖層建立 Parent&Link，使兩圖層能同步移動。

◆ 在「ball」圖層製作雜點內陰影，效果請參考展示檔。

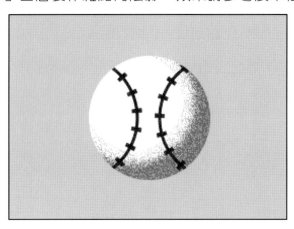

(3) 在「ball」圖層製作球彈跳 5 次動畫，路徑如下圖，並運用 Keyframe Assistant 與 Graph Editor 做出合理的彈跳感（彈跳時需模擬慣性運動因摩擦力衰減之狀態）。

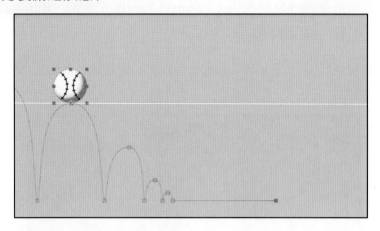

(4) 前三次彈跳做出擠壓與伸展變形效果，增添趣味性，變形感需符合物理定律，並讓「pattern」圖層順時針轉動 2 圈。

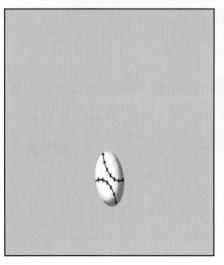 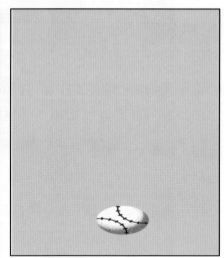

(5) 輸出成影片於 C:\ANS.CSF\AE01 目錄，Format：H.264 並命名為 **AEA01.mp4**。

4.評分項目：

設計項目	配分	得分
(1)	5	
(2)	10	
(3)	15	
(4)	15	
(5)	5	
總分	50	

解題說明：104　彈跳球

(1) 基本設定：

　　Step 1. 請設定版面為 1280*720px、Square Pixels、24fps、Resolution：Full、時長 6 秒、灰色背景。

　　Step 2. 使用圓形工具 ，按住 Shift 繪製白色無外框正圓形 Shape Layer，點選圖層，按 Enter 鍵可重新命名，命名為「ball」。

　　🔍 NOTE　勿拘泥在圓形的大小，目測近似即可。

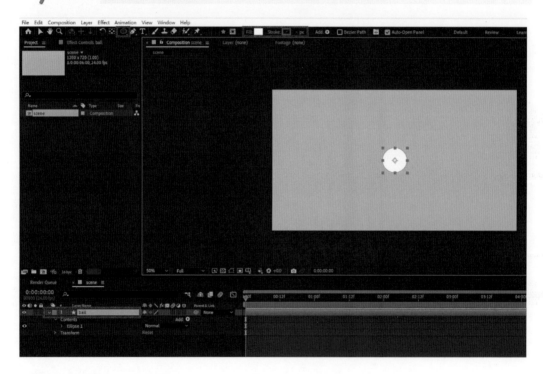

(2) 製作縫線：

　　Step 1. 點選「ball」圖層，Ctrl +D 進行複製，複製後的圖層改名為「pattern」，換成紅色外框，內部無填色。

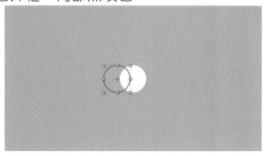

Step 2. Ellipse 1 > Add > Stroke，在 Ellipse 1 中新增 Stroke，展開 Stroke 2 的列表，點選 Dashes 旁的「+」兩次，可以新增 Dash 的調整列表，再適當調整顏色、線條粗細與虛線間距。

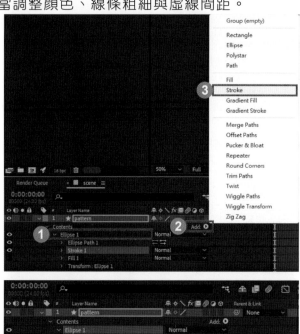

Step 3. 複製 Ellipse 1，並調整位置。

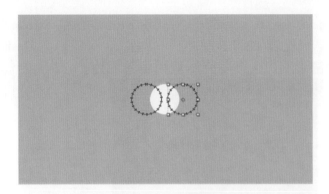

Step 4. 在「pattern」圖層新增「Set Matte」（路徑：Effect > Channel > Set Matte），並將對象改成「ball」圖層。

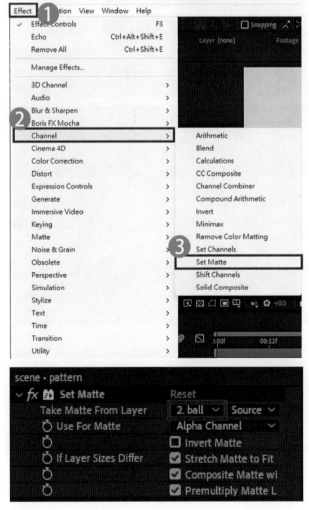

Step 5. 透過編選器 Parent&Link，將「pattern」圖層與「ball」建立父子關聯。

Step 6. 在「ball」圖層按下滑鼠右鍵，新增 Layer Syles 的 Inner Shadow。

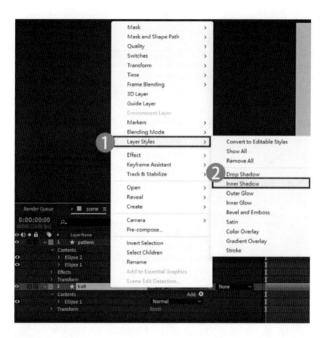

Step 7. 展開選單，調整 Opacity、Angle、Distance、Size 和 Noise 的數值。

🔍 NOTE   AE 的 Layer Style 與 Photoshop 的圖層樣式為同一概念，不但可以承繼
PSD 檔中的圖層樣式，勾選檔案匯入視窗中的 Editable Layer Style，還可
保留圖層樣式匯入後的編輯性。

(3) 製作動畫：

Step 1. 對「ball」圖層的 Position 按滑鼠右鍵，選擇 Separate Dimensions，
將 Position 分成 X 軸和 Y 軸獨立屬性。

🔍 NOTE   將 Position 拆分為獨立的 X,Y 屬性，可先處理球彈跳過程中，高度隨時間
遞減的變化 Y，再處理直線運動距離 X，這是做彈跳球動畫最有效率的方
法。

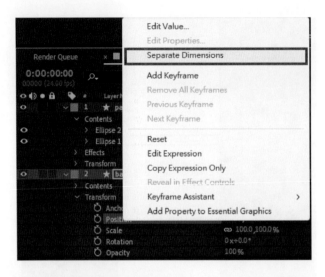

Step 2. 將「ball」圖層的錨點貼其底部。

Step 3. 設定 Y Position 製作原地彈跳的動畫，彈跳 5 次，每次彈地都會遞減，並將每次回彈的最高處的關鍵影格按 F9 調整為 Easy Ease。

NOTE　關鍵影格的種類介紹請參考 1-3-3 動畫與時間軸。

Step 4. 設定 X Position，使球能橫向移動。

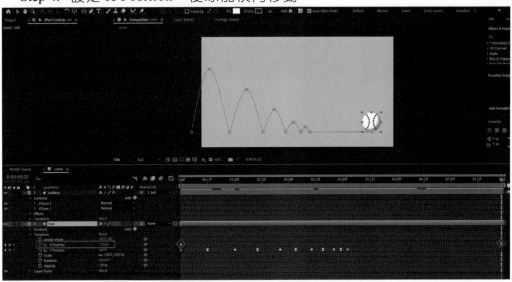

Step 5. 路徑如下圖，點擊 ▣ 開啟 Graph Editor，點擊界面下方▣Choose graph type and options，點開 Edit Value Graph 介面調整曲線。

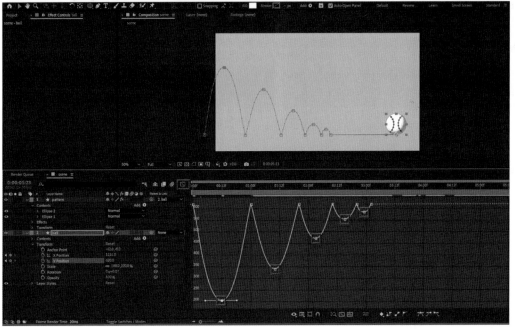

(4) 細節調整：

Step 1. 設定「pattern」圖層的 Rotation，00:00 到 06:00 順時針轉動 2 圈，最後關鍵影格設為 Easy Ease。

Step 2. 調整「ball」圖層前三次彈跳做出擠壓與伸展變形效果，並且效果會隨之遞減，變形感需符合物理定律，當球的橫向與直向是 100%與100%時，製作橫向受擠壓效果時多出的數值會加到直向上。(舉例：當橫向是 60%時，直向就是 140%，相加會等於 200%。)

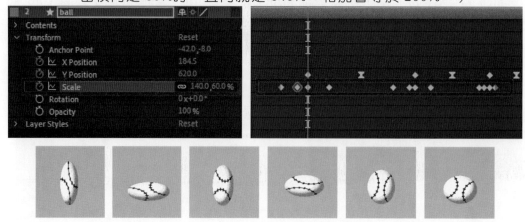

🔍 NOTE　The 12 Principles of Animation「動畫 12 法則」由動畫師 Frank Thomas 與 Ollie Johnston 依多年在迪士尼繪製動畫的經驗總結，是動畫與動態設計從業人員必知的動畫製作法則，動畫法則的實踐是成熟動畫表現的憑據與檢視，其中的 Squash and Stretch「擠壓與伸展」是本題的重點，將球體在掉落的過程中的動能狀態以較誇張的方式表演，不論是球體在加速時的伸展變形，以及觸地時的擠壓變形，均須保持體積的定量，以具備視覺的合理性。

(5) 輸出影片：

Step 1. 點選專案面板，File > Export > Add to Render Queue 開啟 Render Queue 介面。

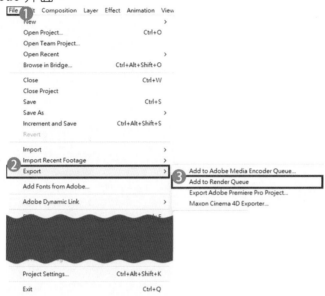

Step 2. 點擊圖中 A 處打開設定介面，設定 Format: H.264，在點擊 B 處，更改檔名為 **AEA01.mp4**，並設定儲存位置。

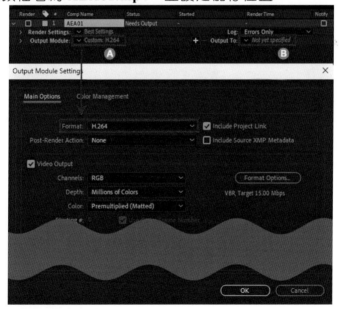

Step 3. 點擊 [Render] 鍵輸出。

NOTE 算圖詳細說明請參考 1-3-6 算圖格式設定。

105 漸層視覺處理　　　□易 ☑中 □難

1.題目說明：

這個題目使用 After Effects 進行視覺處理技巧，從調整時間軸和背景設置開始，進一步加入調色特效和動態效果，最後將進行動態曲線和顏色設定的調整。

2.作答須知：

(1) 請至 C:\ANS.CSF\AE01 目錄開啟 **AED01.aep** 設計。完成結果儲存於 C:\ANS.CSF\AE01 目錄，檔案名稱請定為 **AEA01.aep**。

(2) 指定元件及素材請至 Data 資料夾開啟。

(3) 完成之檔案效果，需與展示檔 **Demo.mp4** 相符。

(4) 除「設計項目」要求之操作外，不可執行其它非題目所需之動作。

3.設計項目：

(1) 調整時間軸與設置背景：

- ◆ 設定時間軸顯示為「格數」，並選取所有圖層 Pre-compose，命名為「Text」。

- ◆ 新增白色 Solid，命名為「Gradient」，套用「4-Color Gradient」濾鏡，設定顏色及關鍵影格第 0 格至第 149 格移動位置：

  - Point 1 顏色為#016DFC，從畫面左上角往右上移至畫面外。
  - Point 2 顏色為#3C00CE，從畫面右上角移至畫面中間偏左。
  - Point 3 顏色為#016DFC，從畫面左下角往右下移至畫面外。
  - Point 4 顏色為#00EAFF，從畫面中間移至畫面右下角，效果請參考展示檔。

第 0 格

第 149 格

(2) 製作旋轉效果：

◆ 在「Gradient」圖層套用「Twirl」、「Motion Tile」濾鏡：

- 設定「Twirl」，調整 Angle、Twirl Radius，第 0 格至第 149 格製作動態變化，增加旋轉尺寸。

- 設定「Motion Tile」，調整輸出寬高，並選擇「Mirror Edges」，再移動濾鏡至最上層，效果請參考展示檔。

第 0 格

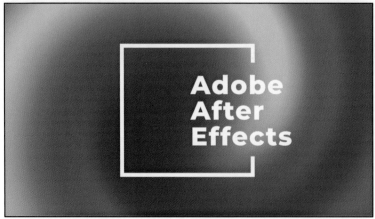

第 149 格

(3) 製作波紋效果：

◆ 新增 Adjustment Layer 於「Gradient」圖層上方，命名為「Wave Warp」，並套用「Wave Warp」濾鏡，製作波浪扭曲效果，調整 Wave Width 在第 0 格至第 149 格的動態變化，增加波形寬度。

◆ 複製「Gradient」圖層的「Motion Tile」濾鏡至「Wave Warp」圖層，
  並調整濾鏡至最上層，效果請參考展示檔。

(4) 設定文字與背景調色：

◆ 在「Text」圖層套用「Fill」濾鏡，Color 在第 70 格為白色，第 99 格
  為黃色。

◆ 新增白色 Solid，命名為「Solid1」，設定混合模式為「Difference」，並
  調整不透明度，第 0 格為 100，第 60 格為 0，效果請參考展示檔。

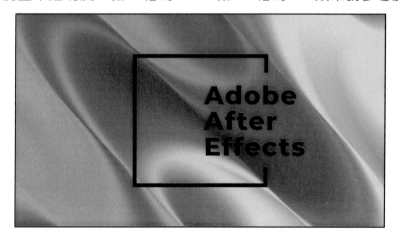

(5) 調整畫面色調：

◆ 新增 Adjustment Layer 套用「Levels」濾鏡，在第 0 格至第 99 格設關
  鍵影格調整 Gamma，製作畫面亮度動態變化，並設定 Input Black。

◆ 設定「Solid1」、「Adjustment Layer1」與「Text」圖層的所有關鍵影格
　為 Easy Ease，效果請參考展示檔。

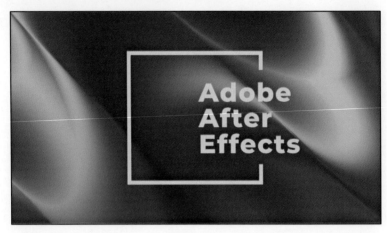

(6) 輸出成影片於 C:\ANS.CSF\AE01 目錄，Format：H.264 並命名為
　　AEA01.mp4。

4.評分項目：

設計項目	配分	得分
(1)	8	
(2)	8	
(3)	8	
(4)	8	
(5)	8	
(6)	10	
總分	50	

解題說明：105 漸層視覺處理

(1) 調整時間軸與設置背景：

Step 1. 按住 Ctrl 鍵+滑鼠點取時間軸面板左上方，時間編碼顯示欄位 **0:0:00:00** ，即可切換成影格顯示 **00000** 。選取所有圖層右鍵 ＞ Pre-compose，命名為「Text」。

Step 2. 右鍵點擊畫面空白處，New ＞ Solid...顏色設定為白色，並命名為「Gradient」，並將圖層移至最下層。

Step 3. 將「Gradient」圖層套用「4-Color Gradient」濾鏡（路徑：Effect ＞ Generate ＞ 4-Color Gradient）。

Step 4. 設定顏色及關鍵影格第 0 格至第 149 格移動到指定位置：

- ◆ Point 1 顏色為#016DFC，從畫面左上角往右上移至畫面外。

- ◆ Point 2 顏色為#3C00CE，從畫面右上角移至畫面中間偏左。

- ◆ Point 3 顏色為#016DFC，從畫面左下角往右下移至畫面外。

- ◆ Point 4 顏色為#00EAFF，從畫面中間移至畫面右下角。

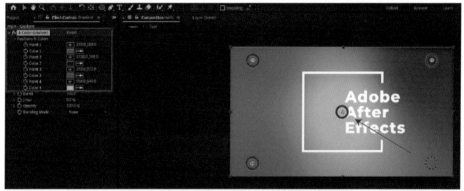

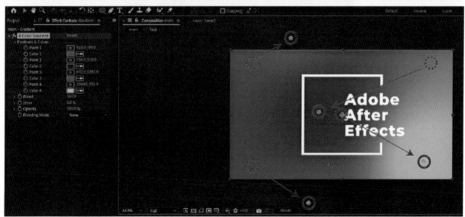

(2) 製作旋轉效果：

Step 1. 在「Gradient」圖層套用「Twirl」濾鏡（路徑：Effect > Distort > Twirl）、「Motion Tile」濾鏡（路徑：Effect > Stylize > Motion Tile）。

Step 2. 設定「Twirl」濾鏡，調整 Angle、Twirl Radius，第 0 格至第 149 格製作動態變化，增加旋轉尺寸。

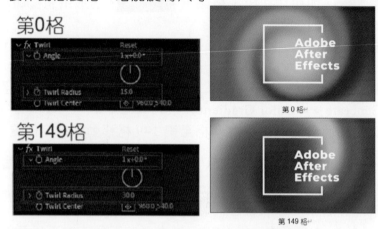

Step 3. 設定「Motion Tile」濾鏡，調整輸出寬與高，並將「Mirror Edges」選項打勾，再把「Motion Tile」濾鏡拖移至「4-Color Gradient」濾鏡上方，置於最上層。

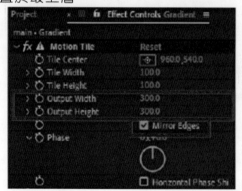

(3) 製作波紋效果：

Step 1. 按下滑鼠右鍵新增 Adjustment Layer 於「Gradient」圖層上方，命名為「Wave Warp」。

Step 2. 套用「Wave Warp」濾鏡（路徑：Effect > Distort > Wave Warp），製作波浪扭曲效果，調整 Wave Width 在第 0 格至第 149 格的動態變化，增加波形寬度。

第0格

第149格
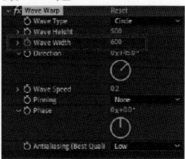

Step 3. 複製「Gradient」圖層的「Motion Tile」濾鏡至「Wave Warp」圖層，並置於濾鏡的最上層。

(4) 設定文字與背景調色：

Step 1. 在「Text」圖層套用「Fill」濾鏡（路徑：Effect > Generate > Fill），並對 Color 屬性設關鍵影格，第 70 格為白色，第 99 格為黃色。

Step 2. 新增白色 Solid，命名為「Solid1」。

Step 3. 將「Solid1」圖層的混合模式調整為「Difference」，並設定 Opacity 不透明度關鍵影格，第 0 格為 100%，第 60 格為 0%。

(5) 調整畫面色調：

Step 1. 新增 Adjustment Layer 放置頂層。

Step 2. 將新增的「Adjustment Layer1」圖層，套用「Levels」濾鏡，並在第 0 格至第 99 格設置關鍵影格調整 Gamma，製作畫面亮度動態變化，並設定 Input Black。

第0格
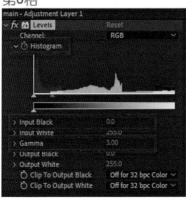

第99格
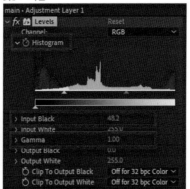

Step 3. 連選「Solid1」「Adjustment Layer1」與「Text」圖層,並按下 U 鍵,
顯示所有關鍵影格並全選後,按下 F9 設為 Easy Ease。

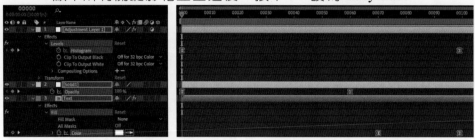

(6) 輸出影片:

Step 1. 點選專案面板,File > Export > Add to Render Queue 開啟 Render
Queue 介面。

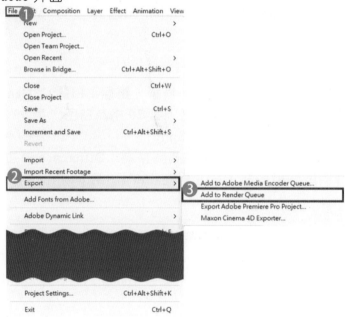

Step 2. 點擊圖中 A 處打開設定介面，設定 Format: H.264，在點擊 B 處，
更改檔名為 **AEA01.mp4**，並設定儲存位置。

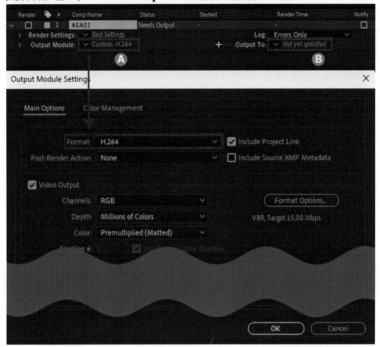

Step 3. 點擊 ▦ Render 鍵輸出。

🔍 NOTE　算圖詳細說明請參考 1-3-6 算圖格式設定。

106　鈔票動起來　　　　　　　　　□易 ☑中 □難

1.題目說明：

將提供的像素圖檔，轉為動畫專案素材，完成範例所示之補間動畫鏡頭。本題著重於 After Effects 之動態與表達式之綜合演練，注重相關技術與觀念的熟練。

2.作答須知：

(1) 請建立一新文件進行設計。完成結果儲存於 C:\ANS.CSF\AE01 目錄，檔案名稱請定為 **AEA01.aep**。

(2) 指定元件及素材請至 Data 資料夾開啟。

(3) 完成之檔案效果，需與展示檔 **Demo.mp4** 相符。

(4) 除「設計項目」要求之操作外，不可執行其它非題目所需之動作。

3.設計項目：

(1) 設定版面為 1920*1080px、Square Pixels、24fps、Resolution：Full、時長 10 秒背景為黑色。

(2) 置入檔案：

- 置入 **globe.psd**、**banknote_graphics.psd** 及 **character.psd**，縮放編排至適當位置，效果請參考展示檔。（請注意圖層前後的關係）

(3) 製作地球儀遮罩：

- 使用遮罩和關鍵影格，讓地球儀在 00:00 至 10:00 轉動，效果請參考展示檔。

(4) 製作插畫角色動態效果：

- 利用關鍵影格和 Parent&Link 製作各角色動態，使四位人像的頭部、身體與手部皆有動態變化，並用表達式使動畫循環。
- 調整所有關鍵影格為 Easy Ease，效果請參考展示檔。

約 02:00

約 03:00

(5) 輸出 00:00 至 10:00 成影片於 C:\ANS.CSF\AE01 目錄，格式為：H.264 並命名為 **AEA01.mp4**。

4.評分項目：

設計項目	配分	得分
(1)	5	
(2)	5	
(3)	10	
(4)	20	
(5)	10	
總分	50	

解題說明：106 鈔票動起來

(1) 設定版面為 1920*1080px、Square Pixels、24fps、Resolution：Full、時長 10
秒背景為黑色。

(2) 置入檔案：

Step 1. 從 File > Import > Multiple File... 分別置入 **globe.psd**、
banknote_graphics.psd 及 **character.psd**，置入前將 Import As 切換
成 Composition-Retain Layer Sizes。

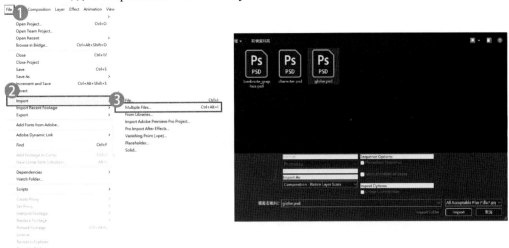

Step 2. 將 globe、banknote_graphics 及 character 版面置入 Comp1 版面裡，
並點開 banknote_graphics 版面，將「background」圖層剪下，貼到
Comp1 版面，並調整順序至於最後。

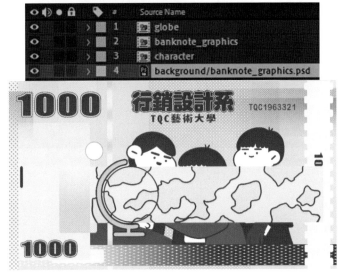

(3) 製作地球儀遮罩:

Step 1. 點開 globe 版面,用圓形工具畫一個無邊線與「circle」圖層大小相似的圓。

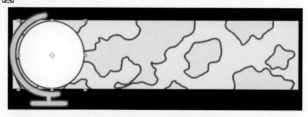

Step 2. 「Earth」圖層以 Shape Layer 1 做遮罩,Track Matte 的 Shape Layer 1 設 Alpha Matte ⬤,並讓「Earth」圖層在 00:00 至 10:00,Position 設關鍵影格往左方橫向移動。

🔍 NOTE　Track Matte 圖層追蹤遮罩的詳細介紹請參考 1-2-4 圖層屬性與觀念。

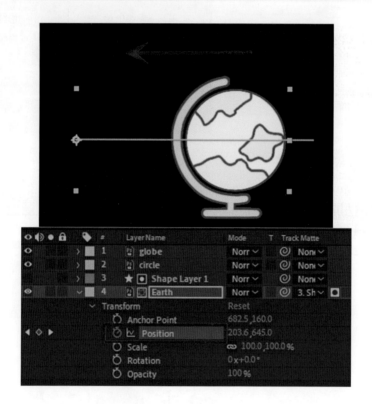

(4) 角色動畫：

Step 1. 開啟 character 版面調整 girl1、boy1、girl2、boy2 版面內的物件的
軸心關節位置，先從 girl2 版面開始，使用錨點工具  調整錨點位
置變更物件 hand、Body、ponytail、head 旋轉的軸心。

Step 2. Parent&Link 將對應物件設父子關聯（圖層關聯性請參考下方例圖），
選取「hand」、「Body」、「ponytail」、「head」圖層後按 R 鍵（確認是
否是英文輸入法）調出 Rotation，製作關節動畫。

Step 3. 製作兩秒動畫，第一、三關鍵影格數值一致。按住 Alt 鍵加滑鼠左
鍵點擊 ，輸入表達式「loopOut(type = "cycle", numKeyframes =
0)」使動畫循環重複。將所有關鍵影格全選，按 F9 轉換為 Easy Ease。

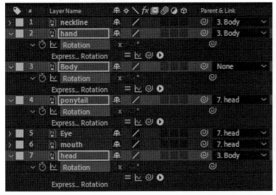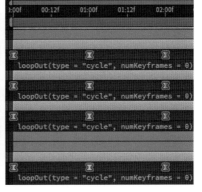

NOTE 透過父子關聯的建立，與將錨點設定為運動關節，是角色動畫中的 Rigging
骨架綁定的基礎設置。關於各種關鍵影格的特性與表達式詳細介紹，請參
考 1-3-3 動畫與時間軸。

Step 4. 依此類推，將 girl1、boy1、boy2 Comp 版面內的圖層物件製作動畫
效果。

Boy1

Boy2

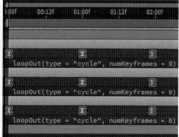

Girl1

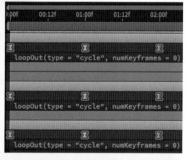

(5) 輸出影片：

Step 1. 點選專案面板，File > Export > Add to Render Queue 開啟 Render Queue 介面。

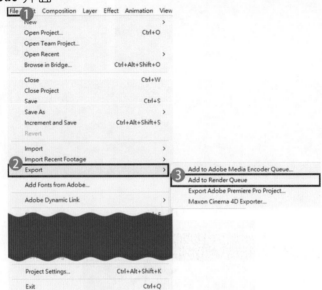

Step 2. 點擊圖中 A 處打開設定介面，設定 Format: H.264，在點擊 B 處，更改檔名為 **AEA01.mp4**，並設定儲存位置。

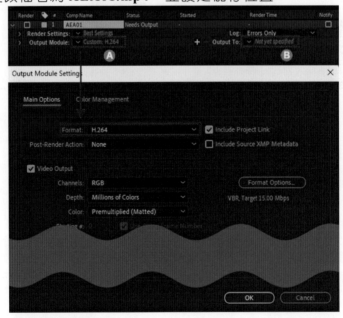

Step 3. 點擊 Render 鍵輸出。

🔍 NOTE 算圖詳細說明請參考 1-3-6 算圖格式設定。

107 動態技巧 □易 ☑中 □難

1.題目說明：

本題目旨在學習 After Effects 中的動態技巧，其中涉及時間軸調整，以及使用 Trim Paths 和關鍵影格來創造動態效果，並使用 Graph Editor 來調整動態曲線，以達到更精確的動畫表達。

2.作答須知：

(1) 請至 C:\ANS.CSF\AE01 目錄開啟 **AED01.aep** 設計。完成結果儲存於 C:\ANS.CSF\AE01 目錄，檔案名稱請定為 **AEA01.aep**。

(2) 指定元件及素材請至 Data 資料夾開啟。

(3) 完成之檔案效果，需與展示檔 **Demo.mp4** 相符。

(4) 除「設計項目」要求之操作外，不可執行其它非題目所需之動作。

3.設計項目：

(1) 調整時間軸與素材效果：

◆ 設定時間軸顯示為「格數」。

◆ 新增 Solid，命名為「Solid1」，寬為 6000px、高為 5000px。套用「Fractal Noise」、「Levels」、「Shift Channels」、「Simple Choker」、「Extract」、「Fill」濾鏡，製作白色線條動態效果。

◆ 其中「Fractal Noise」、「Levels」、「Simple Choker」、「Extract」設定效果如下：

– 設定「Fractal Noise」，Noise Type：Spline、Contrast：500、Brightness：-80、Scale：500、Complexity：1、Random Seed：950、Cycle (in Revolutions)：1，設定 Evolution 動態，以每秒 2 的速度產生變化。

– 設定「Levels」的 Input Black、Input White。

– 設定「Simple Choker」的 Choke Matte。

– 設定「Extract」的 White Point，效果請參考展示檔。

(2) 製作 3D：

◆ 設定「Solid1」圖層為 3D 圖層，複製五層分別命名為「Solid2」、「Solid3」、「Solid4」、「Solid5」、「Solid6」，並調整 Position Z 軸和「Fractal Noise」濾鏡的 Brightness，產生多層次，效果請參考展示檔。

(3) 設定攝影機：

- 新增攝影機，Focal Length：50mm，Type 為「One-Node Camera」，調整景深和 Aperture，設計出明顯景深感。

- 調整攝影機 Position YZ 軸，Rotation X 軸，製作斜俯視角度，效果請參考展示檔。

(4) 設定素材動態效果：

- 使用「Trim Paths」增加線段動態效果，「line1」圖層的 Start 關鍵影格第 15 格為 0%，第 60 格為 100%，End 關鍵影格第 0 格為 0%，第 40 格為 100%。「line2」圖層的 End 關鍵影格第 30 格為 0%，第 80 格為 100%。

◆ 設定文字移動路徑,「text1」圖層第 0 格時在畫面外右側,於第 40 格回至原位。「text2」圖層第 10 格時在畫面外右側,於第 50 格回至原位。「text3」圖層第 20 格時在畫面外右側,於第 60 格回至原位。

◆ 設定所有圖層的關鍵影格為 Easy Ease,效果請參考展示檔。

(5) 調整全部動態曲線:

◆ 運用 Graph Editor 調整所有 Position 關鍵影格動態曲線為由慢至快再緩出的效果,「line2」圖層的關鍵影格動態曲線為緩入緩出的效果。

◆ 輸出第 0 格至第 95 格成影片於 C:\ANS.CSF\AE01 目錄,Format: H.264 並命名為 **AEA01.mp4**。

4.評分項目:

設計項目	配分	得分
(1)	10	
(2)	10	
(3)	10	
(4)	10	
(5)	10	
總分	50	

解題說明：107　動態技巧

(1) 調整時間軸與素材效果：

Step 1. Ctrl+左鍵點擊 A 處，將時間軸顯示為「格數」。

Step 2. 新增 Solid，命名為「Solid1」，寬為 6000px、高為 5000px。

Step 3. 打開「Effects&Presets」視窗，搜尋「Fractal Noise」、「Levels」、「Shift Channels」、「Simple Choker」、「Extract」、「Fill」濾鏡，套用到「Solid1」圖層，並把「Fill」濾鏡調成白色。

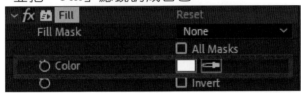

Step 4. 設定「Fractal Noise」濾鏡，Noise Type：Spline、Contrast：500、Brightness：-80、Scale：500、Complexity：1、展開 Evolution Options 設定 Random Seed：950、勾選 Cycle Evolution 並設定 Cycle (in Revolutions)：1，Alt+左鍵點擊下圖 A 處碼錶，在時間軸欄位輸入表達式「time*2」，使它能以每秒 2 的速度產生變化。

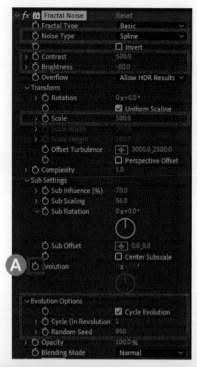

Step 5. 設定「Levels」的 Input Black、Input White。

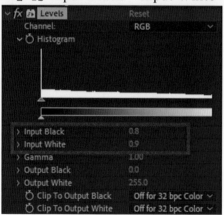

Step 6. 設定「Simple Choker」的 Choke Matte，與「Extract」的 White Point。

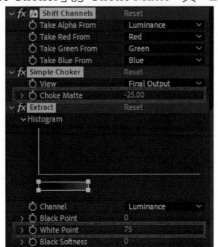

(2) 製作 3D：

Step 1. 設定「Solid1」圖層為 3D 圖層。

Step 2. 複製五個「Solid1」圖層，由下至上分別命名為「Solid2」、「Solid3」、「Solid4」、「Solid5」、「Solid6」，並調整每個圖層的 Position Z 軸參數，與「Fractal Noise」濾鏡的 Brightness 參數如下表格所示，以產生如地形等高線般的多層次，效果請參考展示檔。

圖層　參數	Position Z	Fractal Noise > Brightness
Solid6	250	70
Solid5	200	40
Solid4	150	10
Solid3	100	-20
Solid2	50	-50
Solid1	0	-80

(3) 設定攝影機：

Step 1. 新增攝影機，Type 為「One-Node Camera」，Focal Length：50mm，
Enable Depth of Field 調整景深和 Aperture 光圈值，營造出明顯景
深感。

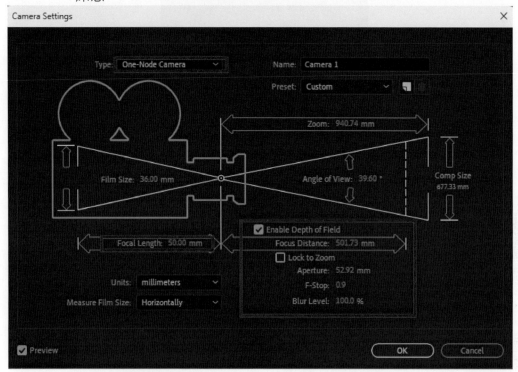

Step 2. 調整攝影機 Position 的 Y 軸與 Z 軸，X Rotation 軸，製作斜俯視角
度，並調整 Focus Distance 和 Aperture 製作景深，效果請參考展示
檔。

NOTE　攝影機詳細說明請參考 1-2-3 圖層元件。

(4) 設定素材動態效果：

Step 1. 「line1」、「line2」圖層展開，點擊 Contents 旁 新增「Trim Paths」。

Step 2. 「line1」圖層 Trim Path > Start 關鍵影格第 15 格為 0%，第 60 格為 100%，End 關鍵影格第 0 格為 0%，第 40 格為 100%。

Step 3. 「line2」圖層的 Trim Path > End 關鍵影格第 30 格為 0%，第 80 格為 100%。

Step 4. 設定文字移動路徑，「text1」圖層第 0 格時在畫面外右側，於第 40 格回至原位。「text2」圖層第 10 格時在畫面外右側，於第 50 格回至原位。「text3」圖層第 20 格時在畫面外右側，於第 60 格回至原位。

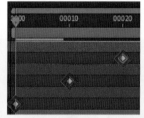

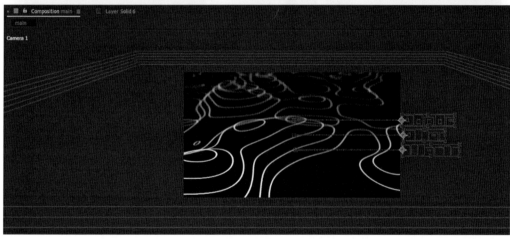

Step 5. 選取所有圖層，按 U 鍵展開所有的關鍵影格，按 F9 設定為 Easy Ease。

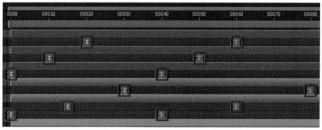

(5) 調整全部動態曲線並輸出影片：

Step 1. 透過 Graph Editor █ 調整所有 Position 關鍵影格動態曲線為由慢至快再緩出的效果，點選下方顯示清單 █ Edit Speed Graph。

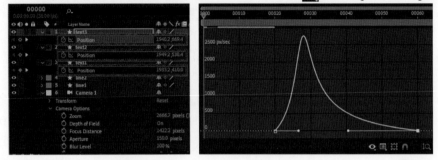

Step 2. 「line2」圖層的 Trim Path > End 關鍵影格動態曲線為緩入緩出的效果。

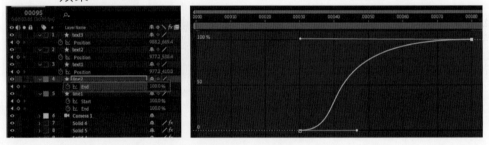

Step 3. 將輸出的影片時間範圍往前拉到第 95 格。

Step 4. 點選專案面板，File > Export > Add to Render Queue 開啟 Render Queue 介面。

Step 5. 點擊圖中 A 處打開設定介面，設定 Format: H.264，在點擊 B 處，
更改檔名為 **AEA01.mp4**，並設定儲存位置。

Step 6. 點擊 Render 鍵輸出。

NOTE　算圖詳細說明請參考 1-3-6 算圖格式設定。

108 Spotlight on Deer　　　　　□易 ☑中 □難

1.題目說明：

將提供的像素圖檔，轉為動畫專案素材，完成範例所示之補間動畫鏡頭。本題著重於整合應用 After Effects 之色彩調整、濾鏡效果，以及遮色片的使用，以完成腳本之綜合練習。

2.作答須知：

(1) 請建立一新文件進行設計。完成結果儲存於 C:\ANS.CSF\AE01 目錄，檔案名稱請定為 **AEA01.aep**。

(2) 指定元件及素材請至 Data 資料夾開啟。

(3) 完成之檔案效果，需與展示檔 **Demo.mp4** 相符。

(4) 除「設計項目」要求之操作外，不可執行其它非題目所需之動作。

3.設計項目：

(1) 請設定版面為 1920*1080px、Square Pixels、29.97fps、Resolution：Full、時長 6 秒、純黑色背景、命名為「main」。

(2) 製作小鹿動畫：

- 置入 **babydeer.ai** 並開啟版面，設定時長為 6 秒，移除草地及花朵圖層。

- 設定鹿頭以鼻子左側為中心，在 1 秒內左右搖晃一次，並設定為循環播放，效果請參考展示檔。

(3) 調整背景：

- 置入 **forest.ai** 為版面，設定時長為 6 秒，並置入「babydeer」版面，調整小鹿尺寸及其他圖層的前後位置。

- 將「forest」版面置入到「main」版面並複製一圖層，下層的「forest」命名為「forest-dark」，上層的「forest」命名為「forest-light」。

- 在「forest-dark」圖層套用「Gaussian Blur」、「Levels」濾鏡，讓畫面變模糊且變暗，效果請參考展示檔。

forest-dark 圖層

forest-light 圖層

(4) 製作動態效果：

◆ 在「forest-light」版面，製作圓形的遮色片，讓下方的「forest-dark」
圖層可以透出，並依照腳本設定小鹿的位置、大小，以及遮色片的動
態，效果請參考展示檔。

00:00　　　　　　　01:00　　　　　　　03:00

| 04:00 | 05:00 | 05:15 |

(5) 輸出成影片於 C:\ANS.CSF\AE01 目錄，格式為：H.264 並命名為 **AEA01.mp4**。

4.評分項目：

設計項目	配分	得分
(1)	10	
(2)	10	
(3)	10	
(4)	10	
(5)	10	
總分	50	

解題說明：108 Spotlight on Deer

(1) 請設定版面為 1920*1080px、Square Pixels、29.97fps、Resolution：Full、時長 6 秒、純黑色背景、命名為「main」。

(2) 製作小鹿動畫：

    Step 1. 置入 **babydeer.ai**，設定 Import Kind 為 Composition，Footage Dimensions 為 Layer Size。

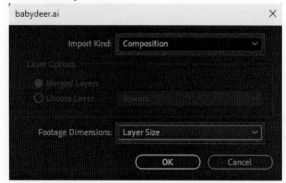

    Step 2. 並開啟版面，設定時長為 6 秒，移除草地及花朵圖層。

    Step 3. 使用錨點工具 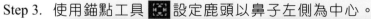 設定鹿頭以鼻子左側為中心。

    Step 4. 點選鹿頭的圖層，按下 R 鍵顯示 Rotation，在 A 處調整角度並設定關鍵影格在 1 秒內左右搖晃一次，Alt+左鍵點擊 B 處碼錶，在輸入欄位填入表達式「loopOut(type = "cycle")」，使動畫自動循環。

🔍 NOTE　關於各種關鍵影格的特性與表達式詳細介紹，請參考 1-3-3 動畫與時間軸。

(3) 調整背景:

Step 1. 匯入 **forest.ai** 為 Comp 版面,設定時長為 6 秒,其中置入「babydeer」
Comp 版面,調整小鹿尺寸及其他圖層的前後順序。

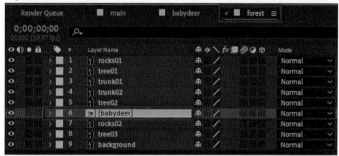

Step 2. 將「forest」Comp 版面置入到「main」Comp 版面,並複製「forest」
Comp 圖層,下層命名為「forest-dark」,上層命名為「forest-light」。

Step 3. 在「 forest-dark 」圖層套用「 Gaussian Blur 」(路徑 : Effect >
Blur&Sharpen > Gaussian Blur)、「Levels」(路徑:Effect > Color
Correction > Levels)濾鏡,調整數值,讓畫面變模糊且變暗,效果
請參考展示檔。

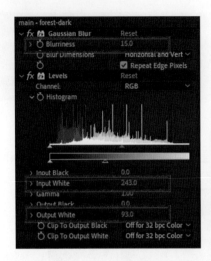

forest-dark 圖層

(4) 製作動態效果：

Step 1. 點選「forest-light」圖層，使用圓形工具製作圓形遮色片，展開 Mask > Mask Path 設關鍵影格，並依照腳本設定遮色片動態。

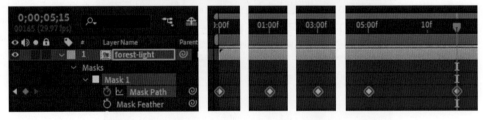

Step 2. 遮色片的移動時間與位置

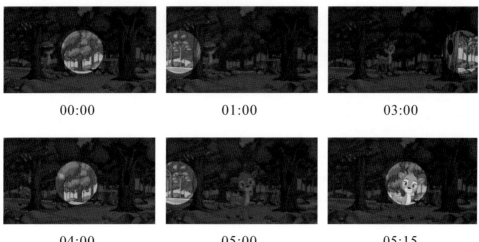

Step 3. 製作小鹿的動態,根據腳本製作左右移動與前進後退的透視縮放。

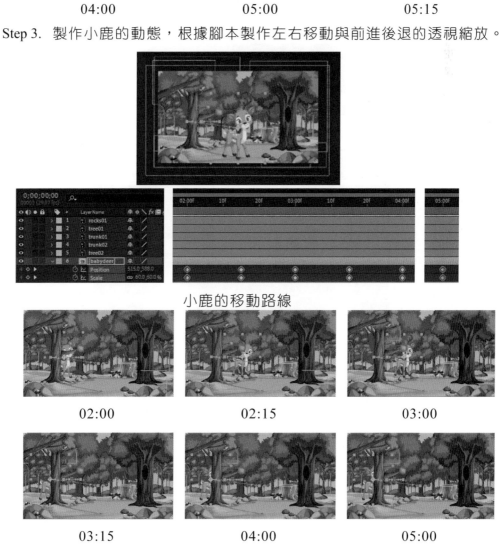

小鹿的移動路線

(5) 輸出影片：

Step 1. 點選專案面板，File > Export > Add to Render Queue 開啟 Render Queue 介面。

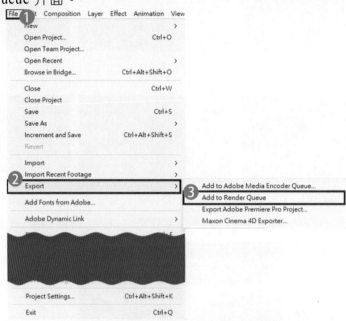

Step 2. 點擊圖中 A 處打開設定介面，設定 Format: H.264，在點擊 B 處，更改檔名為 **AEA01.mp4**，並設定儲存位置。

Step 3. 點擊 Render 鍵輸出。

🔍 NOTE　算圖詳細說明請參考 1-3-6 算圖格式設定。

109 穀倉　　□易 ☑中 □難

1.題目說明：

本例題重點在學習如何透過變形 Shape Layer 來擬仿 3D 透視效果，以擴展扁平式動態圖像的表現張力，並附帶了解圖層屬性的相關應用。

2.作答須知：

(1) 請至 C:\ANS.CSF\AE01 目錄開啟 **AED01.aep** 設計。完成結果儲存於 C:\ANS.CSF\AE01 目錄，檔案名稱請定為 **AEA01.aep**。

(2) 指定元件及素材請至 Data 資料夾開啟。

(3) 完成之檔案效果，需與展示檔 **Demo.mp4** 相符。

(4) 除「設計項目」要求之操作外，不可執行其它非題目所需之動作。

3.設計項目：

(1) 將 main 版面所提供的 Shape Layer，調整成完整穀倉，穀倉正面 x 軸設為 75%。並根據提供素材於穀倉表面做出結構線，線條不得超出穀倉，正面 20 條、側面 12 條和屋頂 6 條，效果請參考展示檔。

(2) 運用 Layer Style 加強質感，穀倉門窗套用「Bevel and Emboss」，立體感之亮面色用左一色票，暗面色用右一色票。土丘套用「Inner Shadow」營造立體感，前方土丘用右二色票，後土丘用左二色票，效果請參考展示檔。

(3) 製作來回透視變化動態效果，動態時間長共 2 秒。01:00 至 02:00，穀倉正面 x 軸由 75%放大到 87%，並透過 x 軸移動變化，做出 1 秒穀倉透視變化之動態，再由 02:00 至 03:00 回到原數值。以同樣的透視變化，製作土丘動態，效果請參考展示檔。

(4) 製作橘色太陽於畫面中間偏下方，並透過遮罩做出由上至下逐漸透明之
視覺效果，再使用濾鏡做出前後土丘因景深產生的模糊視覺，效果請參
考展示檔。

(5) 輸出 01:00 至 03:00 成影片於 C:\ANS.CSF\AE01 目錄，Format：H.264 並
命名為 **AEA01.mp4**。

4.評分項目：

設計項目	配分	得分
(1)	10	
(2)	5	
(3)	20	
(4)	10	
(5)	5	
總分	50	

解題說明：109　穀倉

(1) 調整穀倉：

> Step 1. 將穀倉正面的所有配件 Parent&Link 到「barn_front」圖層，
> 「barn_front」圖層 Scale 的 X 軸設為 75%，並往右位移組合。

> Step 2. 點選「front texture line」圖層，新增 Repeater，並展開 Repeater 設
> 定 Copies：20 與 Transform：Repeater 1 的 Position Y 軸為 15.0。

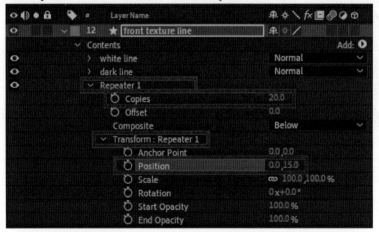

Step 3. 複製「barn_front」圖層，改名為 mask，並展開內層的 Contents，把 pillar_M 與 pillar_L 刪掉。

Step 4. 把「mask」圖層移到「front texture line」圖層上層，並讓「front texture line」以「mask」為遮罩。

🔍 NOTE   圖層追蹤遮罩 Track Matte 的觀念解說請參考 1-2-4 圖層屬性與觀念。

Step 5. 展開「roof」圖層，texture line > Add > Repeater，設定 Copies：6 與 Transform：Repeater 1 的 Position，並調整線段的位置。

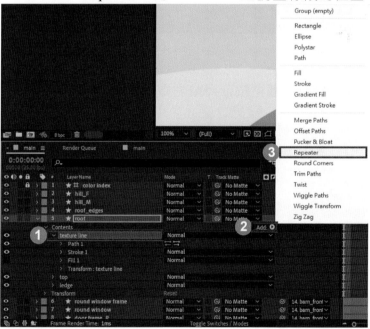

Step 6. 展開「barn_side」圖層，texture line > Add > Repeater，設定 Copies：6 與 Transform：Repeater 1 的 Position Y 軸，並調整線段的位置。

(2) 強化細節：

Step 1. 穀倉所有門窗邊框按下滑鼠右鍵選擇套用 Layer Styles 的「Bevel and Emboss」，立體感之亮面色用左一色票，暗面色用右一色票。

Step 2. 土丘套用 Layer Styles 的「Inner Shadow」營造立體感,前方土丘用右二色票,後土丘用左二色票。

(3) 製作來回透視變化動態效果:

Step 1. 先將「mask」圖層與「front texture line」圖層 Parent&Link 到「barn_front」圖層,在 01:00 至 02:00,穀倉正面「barn_front」x 軸由 75%放大到 87%,並透過 x 軸移動變化,做出 1 秒穀倉變形透視變化之動態,再由 02:00 至 03:00 回到原數值。在 02:00 的關鍵影格都按 F9 切換成 Easy Ease。

Step 2. 側面調整 Scale,做出對應的變形透視效果。

Step 3. 「roof」圖層展開 Contents 列表,調整 texture line、top、ledge 的 Path,做出對應的透視變形動態。

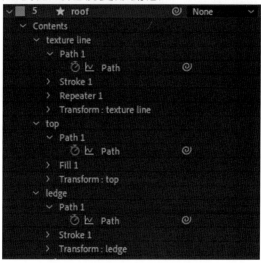

Step 4. 以同樣的透視變化,調整 Path 製作土丘動態進行位移與伸縮。

NOTE 將扁平風格的 2D 圖像,以對組成元件逐一變形的手法,來做出有如 3D 鏡頭般的透視變化,是常見的動態影像技巧,在此要特別聲明的是,將 Shape Layer 形狀圖層做透視變形時,一般多以形狀的 Path 的動態變化來取代本例題中採用的直接以 Scale 變形動態來營造透視變化,原因在於,這種做法會隨著 Scale 變形擠壓框線結構,而透過 Path 的動態變化,則能讓框線結構在透視變形的過程中較好看。本題因考慮到作答時間,故採較直接省時的 Scale 變形動態來製作透視效果。

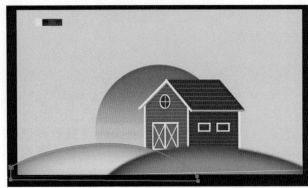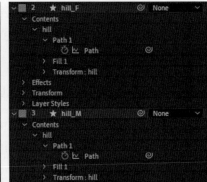

(4) 夕陽與景深:

Step 1. 隱藏色票圖層,使用圓形工具製作畫一個橘色圓形。

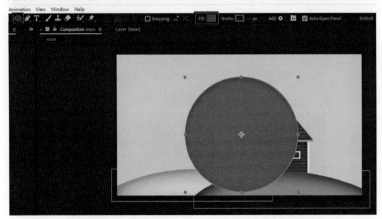

Step 2. 新增一個方形遮罩,遮蓋下半圓,並把模式設定成 Subtract,並調整 Mask Feather 做出由上至下逐漸透明之視覺效果。

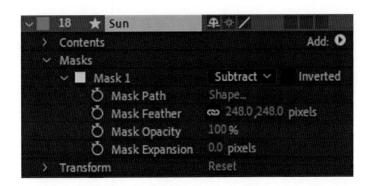

Step 3. 使用「Gaussian Blur」濾鏡（路徑：Effect > Blur&Sharpen > Gaussian Blur），做出前後土丘因景深產生的模糊視覺。（hill_F Blurriness=15 ／hill_M Blurriness=8）

Step 4. 將輸出的影片時間範圍拉到 01:00 到 03:00 之間。

(5) 輸出影片：

Step 1. 點選專案面板，File > Export > Add to Render Queue 開啟 Render Queue 介面。

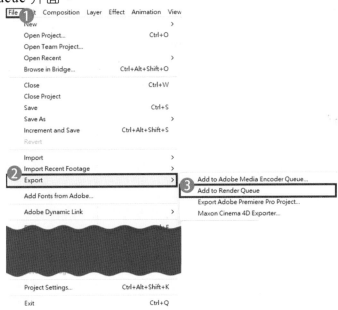

Step 2. 點擊圖中 A 處打開設定介面，設定 Format: H.264，在點擊 B 處，
更改檔名為 **AEA01.mp4**，並設定儲存位置。

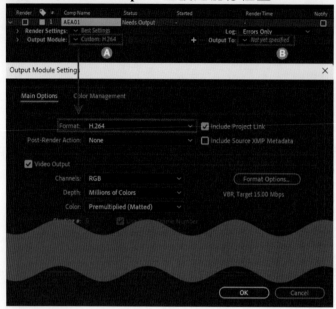

Step 3. 點擊 Render 鍵輸出。

🔍 NOTE　算圖詳細說明請參考 1-3-6 算圖格式設定。

110 菊 　　　　　　　□易 □中 ☑難

1.題目說明：

本例題重點在 Shape Layer 與變形功能在動態上的基本觀念，在扁平式圖像
的動態中，做出帶有局部透視感，替作品增添視覺上的趣味性。

2.作答須知：

(1) 請至 C:\ANS.CSF\AE01 目錄開啟 **AED01.aep** 設計。完成結果儲存於
　　C:\ANS.CSF\AE01 目錄，檔案名稱請定為 **AEA01.aep**。

(2) 指定元件及素材請至 Data 資料夾開啟。

(3) 完成之檔案效果，需與展示檔 **Demo.mp4** 相符。

(4) 除「設計項目」要求之操作外，不可執行其它非題目所需之動作。

3.設計項目：

(1) 請在 Main Composition 中製作花朵 Shape Layer 並運用左上方色票填入適當色彩。花朵需製作 12 朵白色花瓣、18 朵粉色花瓣、圓形黃色花蕊和莖，效果請參考展示檔。

(2) 運用 Layer Styles 製作花朵與莖的內陰影，顏色須套用最右邊色票，效果請參考展示檔。

(3) 在 00:00 至 02:00 製作花朵與莖的搖曳動態，花朵須設定 Position 和 Rotation，莖須設定 Path。所有 Keyframe 設為 Easy Ease，並開啟「BG」圖層，效果請參考展示檔。

約 00:00　　　　　　　　約 01:00

(4) 製作葉子：

◆ 運用 leaf 版面製作葉子立體感，套用「CC Page Turn」和「CC Bend It」效果，須有葉面與葉背並彎曲呈現，葉背請以左上方色票填入適當色彩。

◆ 製作葉子動態，須配合花朵搖曳節奏，所有 Keyframe 設為 Easy Ease，效果請參考展示檔。

約 00:00　　　　　　　　約 01:00

(5) 輸出 00:00 至 02:00 成影片於 C:\ANS.CSF\AE01 目錄，Format：H.264 並命名為 **AEA01.mp4**。

4.評分項目：

設計項目	配分	得分
(1)	10	
(2)	5	
(3)	10	
(4)	15	
(5)	10	
總分	50	

解題說明：110 菊

(1) 製作花朵：

Step 1. 在 Main 版面使用星形工具 製作花朵 Shape Layer 並運用左上方色票填入適當色彩。

Step 2. 製作白色花瓣，調整 Polystar Path 1 的參數，製作 12 片白色花瓣。

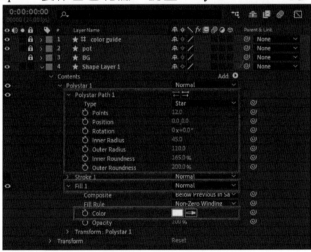

Step 3. 製作粉色花瓣，複製白色花瓣圖層，重新調整 Polystar Path 1 的參數，製作 18 片粉色花瓣。

Step 4. 使用圓形工具，繪製黃色花蕊。

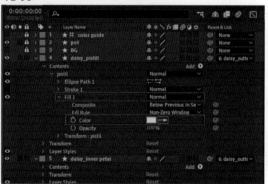

Step 5. 使用鋼筆工具  繪製莖，調整粗細與顏色。

(2) 製作陰影：

Step 1. 對圖層點擊滑鼠右鍵，選擇 Layer Styles 的 Inner Shadow 製作花朵
與莖的內陰影，顏色須套用最右邊色票，並調整數值。

(3) 製作花朵動態：

Step 1. 在 00:00 至 02:00 製作花朵與莖的搖曳動態，將粉色花瓣與黃色花
蕊 Parent&Link 到白色花瓣，白色花瓣圖層設定 Position 和 Rotation
的關鍵影格。

Step 2. 莖須設定 Path 關鍵影格，調整路徑弧度。

Step 3. 所有 Keyframe 設為 Easy Ease，並將「BG」圖層移至最下層。

約 00:00　　　　　　　　約 01:00

(4) 製作葉子：

Step 1. 置入 leaf 版面製作葉子立體感，套用「CC Page Turn」（路徑：Effect > Distort > CC Page Turn）和「CC Bend It」（路徑：Effect > Distort > CC Bend It）效果。

Step 2. 在 Project 介面將 Leaf Comp 命名為「leaf-B」，再複製一個命名為「leaf-F」。

Step 3. 開啟 leaf-F 的 Comp，展開「leaf」圖層，將 face 的 fill 顏色填選 main Comp 右 2 色票的深綠色。

Step 4. 調整 leaf-B 的「CC Page Turn」和「CC Bend It」的數值，須有葉面與葉背並彎曲呈現。

Step 5. 置入 leaf-F 版面調整與「leaf-B」圖層重疊，調整「CC Page Turn」Render 的 Back Page，對象選擇 leaf-F。

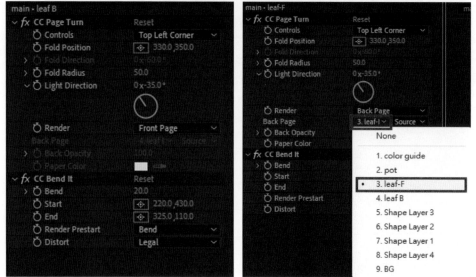

> 🔍 **NOTE** CC page turn 特效濾鏡是本例題的重點,學習掌握該濾鏡的屬性,可以將運用概念延伸到鈔票與紙布類等,各式有正反兩面的素材動態表現上。

Step 6. 設定「CC Page Turn」的 Fold Position 和「CC Bend It」的 Bend 關鍵影格,須配合花朵搖曳節奏,製作葉子動態,所有關鍵影格設為 Easy Ease。

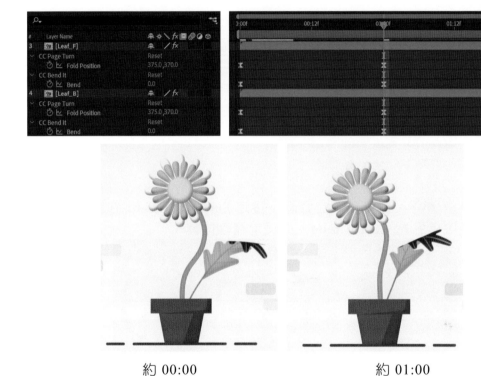

約 00:00   約 01:00

Step 7. 將輸出的影片時間範圍拉到 00:00 到 02:00 之間。

(5) 輸出影片:

Step 1. 點選專案面板,File > Export > Add to Render Queue 開啟 Render Queue 介面。

Step 2. 點擊圖中 A 處打開設定介面，設定 Format: H.264，在點擊 B 處，更改檔名為 **AEA01.mp4**，並設定儲存位置。

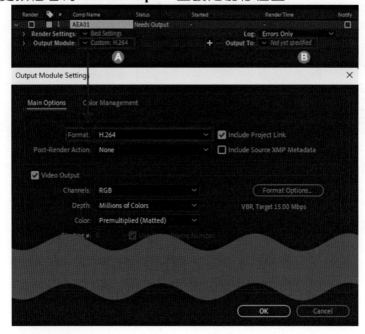

Step 3. 點擊 Render 鍵輸出。

NOTE 算圖詳細說明請參考 1-3-6 算圖格式設定。

2-3 合成視覺特效表現能力題庫

2-3-1 題庫及解題步驟

201 後製效果技巧 ☑易 □中 □難

1.題目說明:

導入序列檔案進行設定以產生停格動畫背景的效果,將素材以父子關係的方式設定,使之動態產生對應的變化,並藉由音樂轉換成關鍵影格的方式,設定素材的 Expression,自動產生大小對應音樂大小聲音的動態,最後並加上特效濾鏡讓背景動態更加豐富。

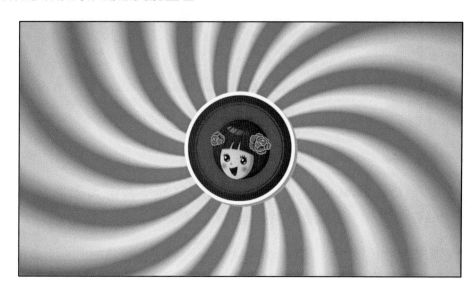

2.作答須知:

(1) 請建立一新文件進行設計。完成結果儲存於 C:\ANS.CSF\AE02 目錄,檔案名稱請定為 **AEA02.aep**。

(2) 指定元件及素材請至 Data 資料夾開啟。

(3) 完成之檔案效果,需與展示檔 **Demo.mp4** 相符。

(4) 除「設計項目」要求之操作外,不可執行其它非題目所需之動作。

3.設計項目：

(1) 請開啟版面為 Social Media Landscape HD 1920*1080 30fps，並以 **Happy Piano Strings.mp3** 音樂長度設定時長。

(2) 置入背景素材並設定播放速率：

- 將 **BK01.ai**、**BK02.ai** 以 Sequence 方式置入專案，並設定每秒播放 4 張，循環播放 35 次，效果請參考展示檔。

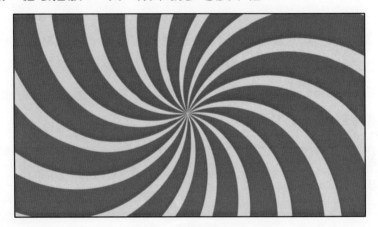

(3) 設定 Logo 及音樂：

- 置入 **LogoCircle.ai** 於畫面並縮放尺寸。

- 置入 **PiaoPiaoLogo.psd** 於畫面中，並將下方圓形底圖與其建立 Parent&Link，使兩者動態與縮放有連動效果。

- 運用 **Happy Piano Strings.mp3** 生成一個 Audio Amplitude 圖層，將音樂轉換為關鍵影格。

(4) 設定 Logo 尺寸大小變化的 Expression：

◆ 將圓形底圖的 Scale 表達式連結 Audio Amplitude 圖層 Both Channels 的 Slider 參數，並調整表達式讓 Logo 最小尺寸為 50%，效果請參考展示檔。

(5) 設定背景動態變化：

◆ 在背景圖層使用「CC Light Burst 2.5」特效，在 00:00 及 10:00 設定 Ray Length 關鍵影格，產生背景動態變化，效果請參考展示檔。

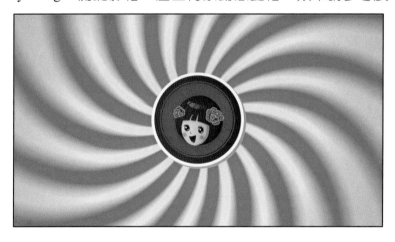

(6) 輸出影片於 C:\ANS.CSF\AE02 目錄，Format：H.264 並命名為 **AEA02.mp4**。

4.評分項目：

設計項目	配分	得分
(1)	5	
(2)	10	
(3)	9	
(4)	9	
(5)	7	
(6)	10	
總分	50	

解題說明：201 後製效果技巧

(1) 設定版面：

Step 1. 新增 Comp 版面，將 Preset 改為 Social Media Landscape HD 1920*1080 30fps，後續創建的版面會以這版面的數值為依據。

Step 2. 點選 File > Import > File…，置入 **Happy Piano Strings.mp3**，將檔案拖移到  圖示上，會得到符合題目要求時長的 Comp。

(2) 置入背景素材並設定播放速率：

Step 1. 點開置入的頁面將 **BK01.ai、BK02.ai** 選取，勾選 Illustrator/PDF/EPS Sequence 後置入。

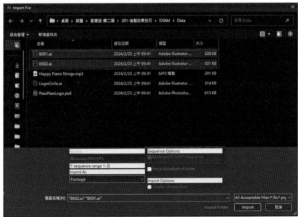

Step 2. 對置入後的檔案點擊右鍵，點擊 Interpret Footage > Main…。

Step 3. 設定每秒播放 4 個影格,循環播放 35 次。

🔍 NOTE　素材匯入與設置方式介紹請參考 1-2-3 圖層元件。

(3) 設定 Logo 及音樂:

Step 1. 置入 **LogoCircle.ai** 於畫面並縮放尺寸。

Step 2. 置入 **PiaoPiaoLogo.psd** 於畫面中,注意圖層先後順序,將 **LogoCircle.ai** 與其建立父子關聯如下圖所示。

Step 3. 對「Happy Piano Strings.mp3」圖層右鍵,依序點擊 Keyframe Assistant > Convert Audio to Keyframes,生成 Audio Amplitude 圖層,將左右聲道音訊轉換為關鍵影格。

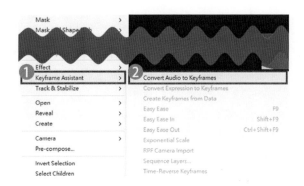

(4) 設定 Logo 尺寸大小變化的 Expression：

Step 1. 將「LogoCircle.ai」圖層的 Scale 編選器 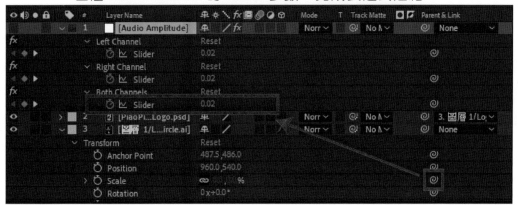 拖連到 Audio Amplitude 圖層 Both Channels 的 Slider 參數，完成表達式連結。

Step 2. 點開調整表達式，將第二行更改成[temp+50, temp+50]，讓 Logo 最小尺寸為 50%。

🔍 NOTE　將音訊圖層轉換成 Audio Amplitude，並將其它圖層屬性與之綁定，產生動態節奏的變化效果是相當有趣且實用的技巧，但如本範例，圖像縮放比例在動態變化的程度上，須搭配語法方能得到較好的控制性。

(5) 設定背景動態變化：

Step 1. 在「BK[01-02].ai」圖層使用「CC Light Burst 2.5」特效（路徑：Effect > Generate > CC Light Burst 2.5）。

Step 2. 在 00:00 及 10:00 設定 Ray Length 關鍵影格，產生背景動態變化。

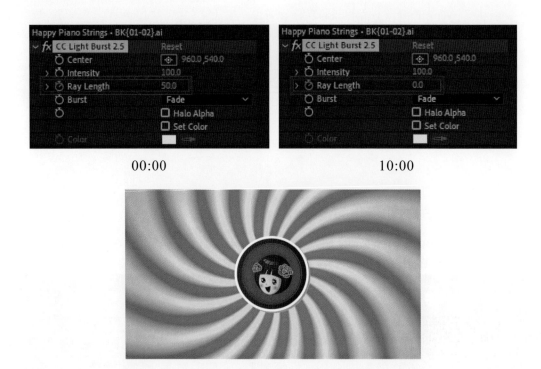

00:00   10:00

(6) 輸出影片：

Step 1. 點選專案面板，File > Export > Add to Render Queue 開啟 Render Queue 介面。

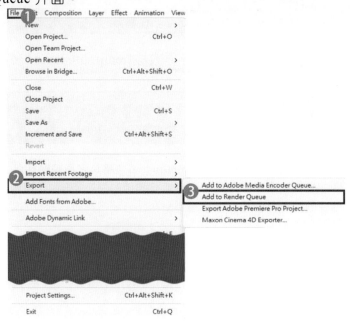

Step 2. 點擊圖中 A 處打開設定介面，設定 Format: H.264，再點擊 B 處，更改檔名為 **AEA02.mp4**，並設定儲存位置。

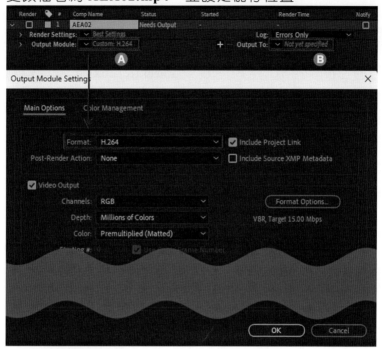

Step 3. 點擊 Render 鍵輸出。

NOTE 算圖詳細說明請參考 1-3-6 算圖格式設定。

202　夾娃娃機　　　　　　　☑易 □中 □難

1.題目說明：

本題設計目的在於掌握 After Effects 中 Parent&Link 概念，了解遮罩使用，與時間布局，以動畫方式模擬夾娃娃機動態。

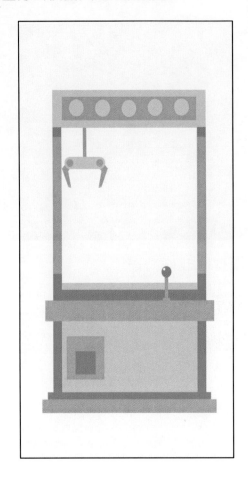

2.作答須知：

(1) 請至 C:\ANS.CSF\AE02 目錄開啟 **AED02.aep** 設計。完成結果儲存於 C:\ANS.CSF\AE02 目錄，檔案名稱請定為 **AEA02.aep**。

(2) 指定元件及素材請至 Data 資料夾開啟。

(3) 完成之檔案效果，需與展示檔 **Demo.mp4** 相符。

(4) 除「設計項目」要求之操作外，不可執行其它非題目所需之動作。

3.設計項目：

(1) 組合夾子：

- ◆ 將「claw-top」、「claw-left」、「claw-right」圖層組合成夾子於夾娃娃機裡右方，並建立 Parent&Link，讓「claw-left」及「claw-right」可以跟隨「claw-top」移動。

- ◆ 將「claw-right」的 Rotation，以表達式連結「claw-left」的 Rotation，使「claw-left」轉動時，「claw-right」會反向轉動，做出夾子動態效果。

- ◆ 變更「controller2」圖層中心點於物件最下方，再設定「controller1」跟隨「controller2」移動，完成夾娃娃機設置，效果請參考展示檔。

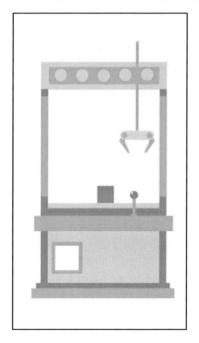

(2) 製作動態：

- ◆ 於 01:00 至 03:00 設定「controller2」圖層，向左傾斜模擬搖桿操作。

- ◆ 移動「claw-top」至「cube」上方，於 03:00 停下，夾子移動時須依據搖桿做出延遲動態。

- ◆ 於 04:12 時「claw-top」向下移動，並在 06:00 時透過「claw-left」及「claw-right」夾住「cube」再向上移動。

◆ 將「cube」圖層於 06:00 切割分段，使後半段跟隨「claw-top」移動。

◆ 將「claw-top」於 07:00 至 07:12 向左橫移至「door」上方，於 08:00 時放開夾子，使「cube」掉落至「door」位置，效果請參考展示檔。

(3) 調整遮罩：

◆ 將「claw-top」、「claw-left」、「claw-right」，及所有「cube」執行 Pre-compose，命名為「claw」。

◆ 使用遮罩讓夾子只呈現在「glass」圖層範圍，並讓「cube」顯現在夾娃娃機洞口，效果請參考展示檔。

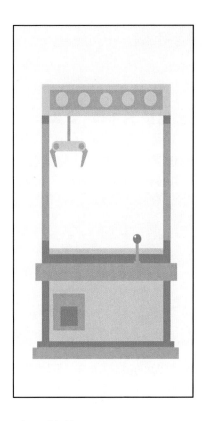

(4) 輸出 00:00 至 10:00 成影片於 C:\ANS.CSF\AE02 目錄，Format：H.264 並
命名為 **AEA02.mp4**。

4.評分項目：

設計項目	配分	得分
(1)	10	
(2)	15	
(3)	15	
(4)	10	
總分	50	

解題說明：202　夾娃娃機

(1) 組合夾子：

Step 1. 點擊「claw-top」圖層按下 R 鍵，設 Rotation=0° 呈垂直，點擊「claw-right」圖層按下 S 鍵，設 Scale=-100.0,100.0%，調整「claw-right」與「claw-left」的位置組成夾子，並建立 Parent&Link 父子關聯，使「claw-left」及「claw-right」綁定「claw-top」。

Step 2. 點擊「claw-right」與「claw-left」圖層按下 R 鍵顯示 Rotation，按住 Alt 鍵點擊圖中「claw-right」圖層 A 處的碼錶，再將圖中 B 處 Expression 鞭選器，拖選至 C 處 Rotation，再將表達式前加上負號，使兩物件旋轉能反向運作，如下圖所示。

```
-thisComp.layer("claw-left").transform.rotation
```

🔎 NOTE　用「claw-right」的 Rotation 屬性的表達式編選器，編選綁定「claw-left」的 Rotation 是為了避免前者在跟隨後者旋轉時，前者的旋轉軸心會以後者為主的狀況。

Step 3. 使用錨點工具  變更「controller2」圖層中心點於物件最下方，再設定「controller1」跟隨「controller2」。

(2) 製作動態：

Step 1. 於 01:00 至 03:00 設定「controller2」圖層的 Rotation，向左傾斜後回歸原位的動畫。

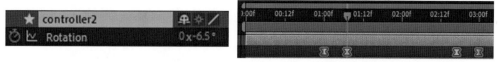

Step 2. 在「claw-top」圖層的 Position 按下滑鼠右鍵選擇 Separate Dimensions，分成 X Position 與 Y Position，從 01:12 往左移動至「cube」上方，於 03:00 停下。

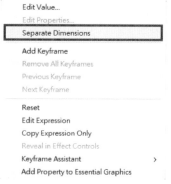

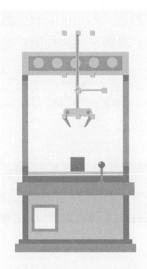

Step 3. 於 04:00 時調整「claw-left」的 Rotation 張開夾子，04:12 時「claw-top」向下移動，並在 06:00 時調整「claw-left」夾住「cube」再向上移動。

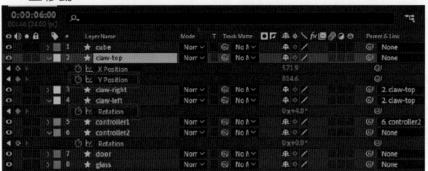

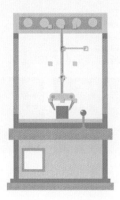

Step 4. 將「cube」圖層於 06:00 時按下 Shift+Ctrl+D 切割分段，使後半段「cube 2」跟隨「claw-top」移動。

Step 5. 將「claw-top」於 07:00 至 07:12 向左橫移至「door」上方，於 08:00 時放開夾子，使「cube」掉落至「door」位置，並做出些微的回彈效果。

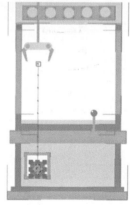

(3) 調整遮罩：

Step 1. 將「claw-top」、「claw-left」、「claw-right」，及所有「cube」右鍵選擇 Pre-compose，命名為「claw」

Step 2. 複製「glass」圖層，把「glass 2」作為「cube」的遮罩，讓夾子只
呈現在「glass」圖層範圍，並複製「cube」圖層，把「door」作為
第二個「cube」的遮罩。

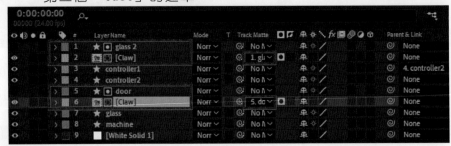

NOTE　Track Matte 追蹤遮罩的觀念說明請參考 1-2-4 圖層屬性與觀念。

(4) 輸出影片：

Step 1. 點選專案面板，File > Export > Add to Render Queue 開啟 Render
Queue 介面。

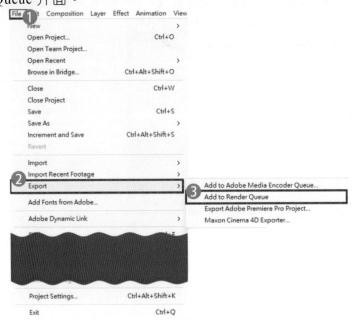

Step 2. 點擊圖中 A 處打開設定介面，設定 Format: H.264，再點擊 B 處，
更改檔名為 **AEA02.mp4**，並設定儲存位置。

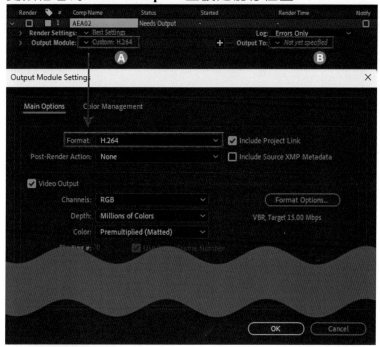

Step 3. 點擊 Render 鍵輸出。

NOTE　算圖詳細說明請參考 1-3-6 算圖格式設定。

203　綠幕去背動態遮罩與合成畫面技巧　☑易 □中 □難

1.題目說明：

使用鋼筆工具製作動態遮罩，並將影片設定成 3D 圖層與背景動畫合成，運用燈光加強合成畫面整合設計。本題著重於 After Effects 動態遮罩設定、去背技巧與 3D 圖層合成打光技巧之綜合演練。

2.作答須知：

(1) 請建立一新文件進行設計。完成結果儲存於 C:\ANS.CSF\AE01 目錄，檔案名稱請定為 **AEA01.aep**。

(2) 指定元件及素材請至 Data 資料夾開啟。

(3) 完成之檔案效果，需與展示檔 **Demo.mp4** 相符。

(4) 除「設計項目」要求之操作外，不可執行其它非題目所需之動作。

3.設計項目：

(1) 請使用 **key.mp4** 新增版面尺寸與時長，命名為「key-source」。

(2) 調整影片在版面出現的時間與最後定格狀態：

- 設定 **key.mp4** 從 06:00 開始撥放，並定格影片結束時間至版面最後，
  效果請參考展示檔。

(3) 設定合成：

- 新增一個 Composition，命名為「key-ok」，置入 **broadcast-BK.mp4** 為
  背景，縮放尺寸至符合版面大小，並設定 Conform to frame rate。

- 將「key-source」版面放進「key-ok」版面中右方。

- 使用遮罩框選人物方便後續去背，並隨著人物移動設定關鍵影格，效
  果請參考展示檔。

(4) 影片調整：

◆ 在「key-ok」版面的「key-source」圖層增加「Levels」與「Hue/Saturation」特效進行調色，增加人像亮度及飽和度。

◆ 使用「Keylight」特效，將人像影片的綠幕背景去除，效果請參考展示檔。

(5) 合成影片光線設定：

◆ 複製一個「key-source」圖層，將「Hue/Saturation」特效刪除，增加「Gaussian Blur」特效，再調整混合模式為「Screen」，並將圖層設定為 3D Layer。

◆ 新增一個「Spot Light」，讓人像看起來更明亮，效果請參考展示檔。

(6) 輸出 00:00 至 22:00 成影片於 C:\ANS.CSF\AE02 目錄，Format：H.264 並命名為 **AEA02.mp4**。

4.評分項目：

設計項目	配分	得分
(1)	5	
(2)	5	
(3)	10	
(4)	10	
(5)	10	
(6)	10	
總分	50	

解題說明：203　綠幕去背動態遮罩與合成畫面技巧

(1) 設定版面：

　　Step 1. 點擊 New Composition From Footage，使用 **key.mp4** 新增 Comp 版
　　　　　面尺寸與時長，重新命名為「key-source」。

(2) 調整影片在 Comp 中的時間與最後定格狀態：

　　Step 1. 將 **key.mp4** 右鍵點選 Time > Enable Time Remapping。
　　Step 2. 時間線往前拖移，讓開頭從 06:00 開始撥放，並拖移延長時間。

(3) 設定合成：

　　Step 1. 新增一個 Composition，命名為「key-ok」，置入 **broadcast-BK.mp4**
　　　　　為背景，縮放尺寸至符合版面大小，並右鍵點擊 Project 視窗的
　　　　　broadcast-BK.mp4，Interpret Footage > Main，設定 Conform to frame
　　rate。

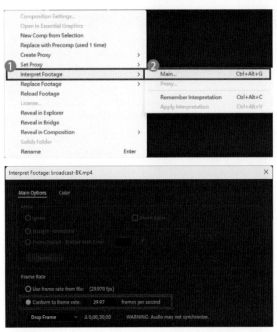

Step 2. 將「key-source」版面放進「key-ok」版面，並調整位移至右方。

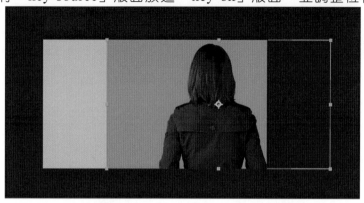

Step 3. 使用鋼筆工具 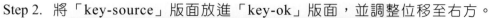 創建遮罩框選人物方便後續去背，並隨著人物移動設定 Mask Path 關鍵影格。

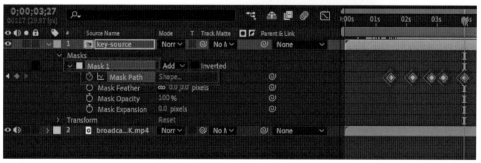

NOTE 在綠幕攝影棚做素材拍攝時，充分的打光是維持素材品質的必要工作，除了主題的打光，為得到良好的去背品質，綠幕背景打光也是不可少的，且為了避免主角外觀邊緣產生「溢色」現象（綠邊），會讓主角與背景保持一定距離，有時免不了背景綠色在畫面中亮度不均的現象，為得到較佳的去背品質，先以鋼筆工具描繪安全去背範圍的 Traveling Matte，是常見的合成手法。

(4) 影片調整：

Step 1. 開啟 Effects&Presets 視窗搜尋特效，在「key-ok」Comp 版面裡的「key-source」圖層增加「Levels」與「Hue/Saturation」特效進行調色，設定適當的數值，增加人像亮度及飽和度。

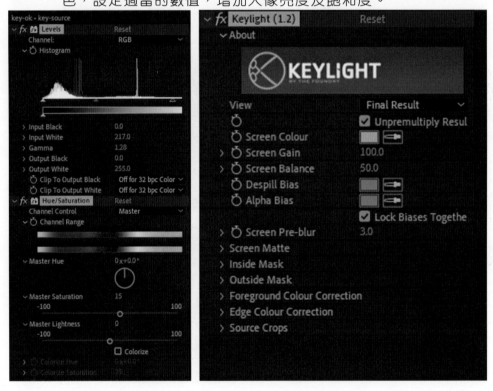

Step 2. 使用「Keylight」濾鏡，去除影片的綠幕背景，用 Screen Colour 滴管滴取綠幕背景。

NOTE Keylight 濾鏡是很強大方便的顏色去背工具，用 Screen Colour 滴管滴取背景色後，將畫面預覽設為 Alpha 模式，再點開 Screen Matte，透過 Clip Black 和 Clip White 的調整，將畫面的人物保留區調為全白，去除的背景為全黑狀態，如下圖所示，本題是以「Levels」和「Hue/ Saturation」濾鏡增加背景亮度與飽和度，以提高去背品質。

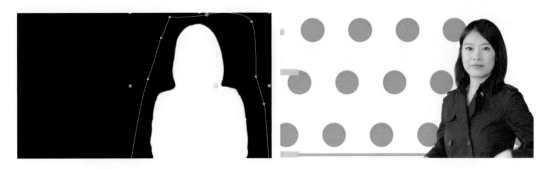

(5) 合成影片光線設定：

Step 1. 複製一個「key-source」圖層，將「Hue/Saturation」與「Levels」特效刪除，增加「Gaussian Blur」特效，點擊圖中 A 處切換模式，調整混合模式為「Screen」，並將圖層設定為 3D Layer。

🔍 NOTE　多複製一個 5.0 高斯模糊的「key-source」圖層，以濾色 Screen 來對下面的影像圖層疊色，會提升中高亮度像素的亮度，為避免人物過亮，故刪除「Hue/Saturation」與「Levels」濾鏡，但這會導致 Alpha Channel 的對比不乾淨，而影響該圖層的去背效果，讓背景浮現半透明黑色，但由於濾色 Screen 的色彩演算方式，會忽略暗色的疊色效果，故不影響合成品質。

Step 2. 新增一個「Spot Light」，並調整數值與尺寸。

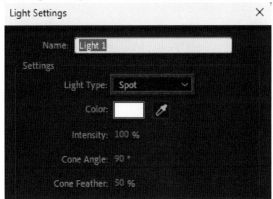

Step 3. 移動位置與角度,照在人像上,讓人像看起來更明亮。

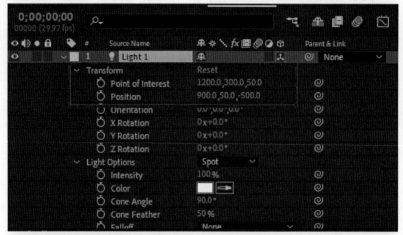

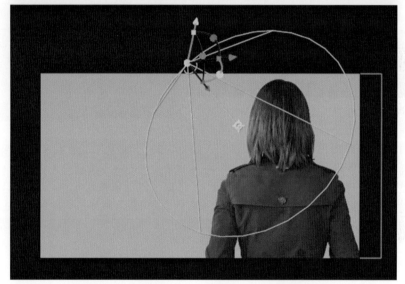

(6) 輸出 00:00 至 22:00 成影片：

Step 1. 點選專案面板，File > Export > Add to Render Queue 開啟 Render Queue 介面。

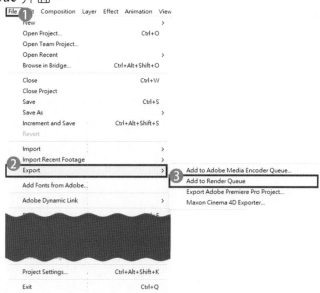

Step 2. 點擊圖中 A 處打開設定介面，設定 Format: H.264，再點擊 B 處，更改檔名為 **AEA02.mp4**，並設定儲存位置。

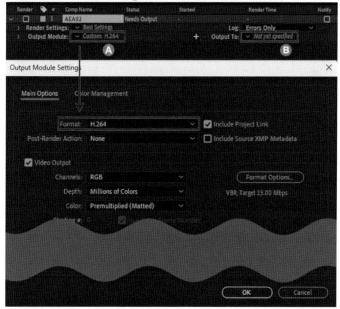

Step 3. 點擊 🎬 Render 鍵輸出。

🔍 NOTE　Render Queue 詳細算圖介紹，請參考 1-3-6 算圖格式設定。

204　3D運用　　　　　　　　□易　☑中　□難

1.題目說明：

這個題目使用 After Effects 進行 3D 處理技巧，從調整時間軸和素材設置開始，進一步加入宇宙穿梭 3D 效果，最後將 LOGO 文字 3D 進行效果處理。

2.作答須知：

(1) 請建立一新文件進行設計。完成結果儲存於 C:\ANS.CSF\AE02 目錄，檔案名稱請定為 **AEA02.aep**。

(2) 指定元件及素材請至 Data 資料夾開啟。

(3) 完成之檔案效果，需與展示檔 **Demo.mp4** 相符。

(4) 除「設計項目」要求之操作外，不可執行其它非題目所需之動作。

3.設計項目：

(1) 調整時間軸與設置背景：

◆ 請設定版面為 1920*1080px、Square Pixels、30fps、Resolution：Full、時長 7 秒。

◆ 設定時間軸顯示為「格數」，並匯入 **nebula.jpg**，Scale：120%，再繪製遮罩並調整 Mask Feather，效果請參考展示檔。

(2) 加入 CC Cylinder：

◆ 新增一個攝影機，使用預設 15mm，並調整 Focal Length 為 2mm，Type 為「One-Node Camera」，再設定 Position Z 軸第 0 格為-800，第 100 格為 550。

◆ 在圖片上套用「CC Cylinder」濾鏡，調整 Rotation X、Ambient，提高畫面亮度，再設定 Radius，第 0 格為 0%，第 70 格為 90%，第 80 格為 90%，第 100 格設為 10%，效果請參考展示檔。

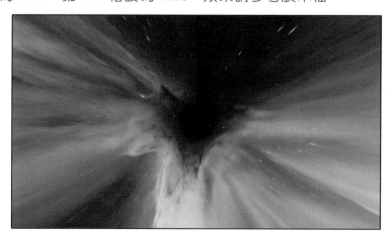

(3) 修補 CC Cylinder：

- 複製圖片圖層，設定 Scale 的 X 軸，讓畫面左右鏡射，再繪製一個遮罩，調整 Rotation Y 軸，修補縫隙，並設定 Radius 第 80 格為 30%。

- 剪輯所有圖層，出現時間為第 0 格至第 100 格，效果請參考展示檔。

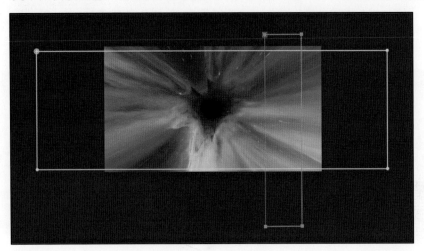

(4) 新增文字：

- 輸入「UNIVERSE」，設定為 Arial Black 字體、大小：200px，顏色為左邊紫色漸層至右邊藍色，並繪製遮罩將文字上半部斜切一半。

- 複製文字圖層，調整原圖層的遮罩模式和 Mask Expansion，擴展邊緣。

- 將兩個文字開啟 3D 圖層，並設定 Position Z 軸。上方的「UNIVERSE 2」圖層在第 121 格時為 0，第 150 格時為-100，效果請參考展示檔。

(5) 新增文字陰影：

◆ 在「UNIVERSE 2」圖層套用「Drop Shadow」濾鏡增加陰影，Opacity 在第 121 格時為 0%，第 150 格時為 80%。

◆ 複製一層「Drop Shadow」，調整 Distance 和 Softness，加強陰影。

◆ 新增 Null Object，設定 Scale 在第 101 格時為 0%，第 121 格時為 100%，並建立 Parent&Link，讓兩個文字圖層可以跟隨 Null Object。

◆ 調整所有文字關鍵影格為 Easy Ease，效果請參考展示檔。

(6) 輸出第 0 格至第 210 格成影片於 C:\ANS.CSF\AE02 目錄，Format：H.264 並命名為 **AEA02.mp4**。

4.評分項目：

設計項目	配分	得分
(1)	5	
(2)	10	
(3)	10	
(4)	10	
(5)	5	
(6)	10	
總分	50	

解題說明：204　3D運用

(1) 調整時間軸與設置背景：

Step 1. 新增 Comp 版面設定為 1920*1080px、Square Pixels、30fps、Resolution：Full、時長 7 秒。

Step 2. 按住 Ctrl 左鍵點擊途中 A 處，將時間軸變更為「格數」。

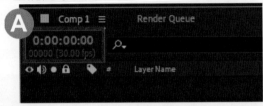

Step 3. 置入 **nebula.jpg**，Scale 設等比例 120%。

Step 4. 使用矩形工具繪製 Mask 遮罩並調整 Mask Feather，使邊緣羽化。

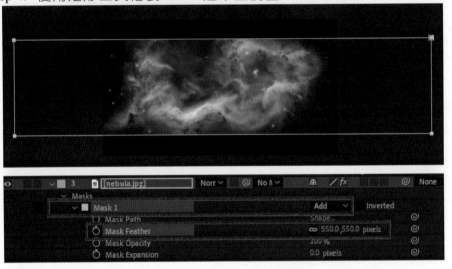

(2) 加入 CC Cylinder：

Step 1. 在下方空白處右鍵新增一個攝影機，點擊圖中 A 處切換為 15mm，並調整 Focal Length 為 2mm，Type 為「One-Node Camera」，

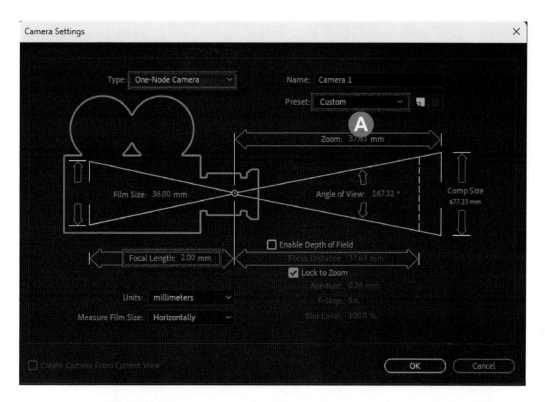

Step 2. 展開攝影機的 Transform 再設定 Position「Z 軸」的關鍵影格第 0 格
為-800，第 100 格為 550。

🔍 NOTE 攝影機功能詳細介紹請參考 1-2-3 圖層元件。

Step 3. 在「nebula.jpg」圖層上套用：Effect > Perspective > CC Cylinder 濾
鏡。

Step 4. 調整 Rotation X 為 90°並提升 Ambient 數值，提高亮度。

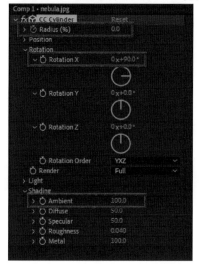

Step 5. 設定 Radius 的關鍵影格：第 0 格為 0%，第 70 格為 90%，第 80 格為 90%，第 100 格設為 10%。

(3) 修補隧道效果：

Step 1. Ctrl+D 複製「nebula.jpg」圖層，設定 Scale 的 X 軸為負數，讓畫面左右鏡射。

Step 2. 右側繪製一個遮罩，將 Mask 2 的模式設為 Intersect，調整「CC Cylinder」濾鏡的 Rotation Y 軸，填補縫隙，並設定 Radius 的關鍵影格，在第 80 格為 30%。

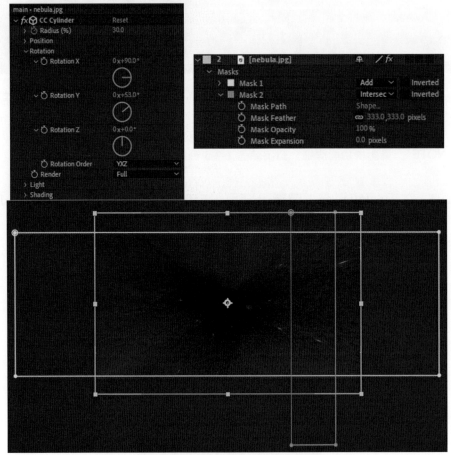

Step 3. 選取所有圖層，在第 100 格處按下 Alt+ 】，剪裁掉之後的內容。

(4) 新增文字：

Step 1. 使用文字工具，輸入「UNIVERSE」，字型：Arial Black、大小：200px。

Step 2. 文字圖層加上 Effect > Generate > Gradient Ramp，設定左邊紫色漸層至右邊藍色。

Step 3. 點擊文字圖層，使用鋼筆工具繪製遮罩，將文字斜切保留一半如下圖所示。

Step 4. 複製文字圖層，原圖層的遮罩模式改為 Subtract，Mask Expansion 設為 -2。

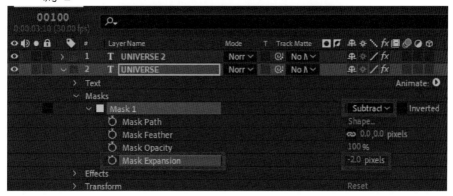

Step 5. 將兩個文字開啟 3D 圖層，並設定「UNIVERSE 2」圖層 Position Z 在第 121 格及第 150 格的關鍵影格。

(5) 新增文字陰影：

Step 1. 在「UNIVERSE 2」圖層套用「Drop Shadow」濾鏡（路徑：Effect > Perspective > Drop Shadow）增加陰影。

> 🔍 NOTE 從圖層樣式 Layer > Layer Styles > Drop Shadow 也可得到陰影效果，差別在於圖層樣式無法在單一圖層中被複製，所以要有如本例題帶層次的陰影，則須使用 Drop Shadow 濾鏡。

Step 2. Opacity 在第 121 格時為 0%，第 150 格時為 80%。

Step 3. 複製一層「Drop Shadow」，調整 Distance 和 Softness，加強陰影。

Step 4. 在空白處右鍵新增 Null Object。

Step 5. 設定 Null Object 的 Scale 在第 101 格時為 0%，第 121 格時為 100%。

Step 6. 兩個文字圖層與 Null Object 建立父子關聯。

Step 7. 將 Null 與文字圖層的關鍵影格設定為 Easy Ease。

Step 8. 開啟 Graph Editor 介面，調整 Null 圖層的 Scale 與「UNIVERSE 2」圖層的 Position 的速度曲線（Edit Speed Graph）。

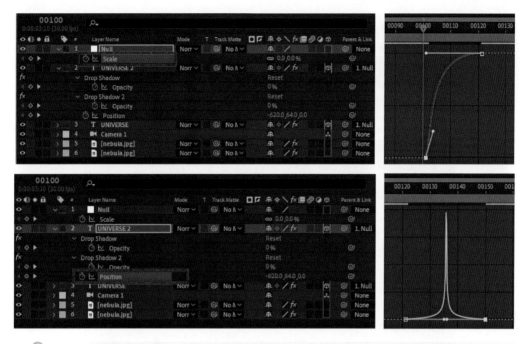

NOTE 透過 Graph Editor 調整動態的數值/速度曲線（Edit Value/Speed Graph），替單純的動作增添情緒表現，是門重要的功課，詳細介紹請參考 1-3-3 動畫與時間軸。

(6) 輸出影片：

Step 1. 點選專案面板，File > Export > Add to Render Queue 開啟 Render Queue 介面。

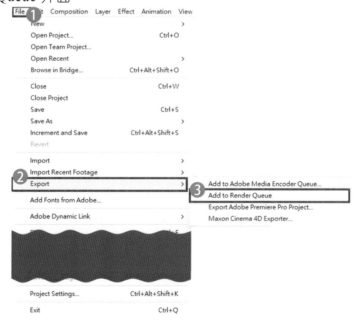

Step 2. 點擊圖中 A 處打開設定介面，設定 Format: H.264，再點擊 B 處，更改檔名為 **AEA02.mp4**，並設定儲存位置。

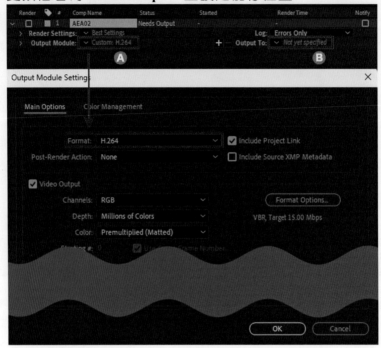

Step 3. 點擊 Render 鍵輸出。

🔍 NOTE　算圖詳細說明請參考 1-3-6 算圖格式設定。

205 修圖追蹤　　　　　　　　□易 ☑中 □難

1.題目說明：

本題設計將消防栓箱字體修掉，並置換成指定的塗鴉圖像，需將動態追蹤的塗鴉合成得寫實且自然。

2.作答須知：

(1) 請建立一新文件進行設計。完成結果儲存於 C:\ANS.CSF\AE02 目錄，檔案名稱請定為 **AEA02.aep**。

(2) 指定元件及素材請至 Data 資料夾開啟。

(3) 完成之檔案效果，需與展示檔 **Demo.mp4** 相符。

(4) 除「設計項目」要求之操作外，不可執行其它非題目所需之動作。

3.設計項目：

(1) 設定版面為 1920*1080px、Square Pixels、30fps、Resolution：Full、設定時間軸顯示為「格數」。

(2) 修圖作業：

◆ 置入 **Hydrant_Clean_up.mp4**，複製圖層後命名為「20frame」，並凍結「20frame」圖層影片時間，使畫面靜止在第 20 格，再移除畫面中的字樣及貼紙，完成後 Pre-compose，效果請參考展示檔。

(3) 素材準備：

◆ 使用 Mask 框選「20frame」版面的消防栓箱邊框，完成後 Pre-compose，命名為「Clean_PLATE」。

◆ Pre-compose「Clean_PLATE」版面，命名為「Clean」，調整版面為 456*624px，使版面尺寸與消防栓箱上的門接近，效果請參考展示檔。

(4) 塗鴉合成：

◆ Pre-compose「Clean」版面，命名為「Screen」，調整版面為 1920*1080px，並套用 Corner Pin 工具於「Clean」版面，將消防栓箱上的門四邊對齊至版面四角。

◆ 在「Screen」版面置入 **Graffiti.jpg**，調整尺寸並使用遮罩修圖，完成後 Pre-compose，命名為「Graffiti」。使用「Levels」濾鏡調色並調整混合模式為「Multiply」，將塗鴉合成在門上，效果請參考展示檔。

(5) 動態追蹤並完成：

◆ 在「Screen」版面套用「Corner Pin」特效，使用「Track Motion」四點追蹤影片動態，並將完成的參數結合「Screen」版面，使合成的圖像符合影片動態。

◆ 將「Screen」版面 Pre-compose，命名為「Door」。

◆ 在「Door」版面套用「Add Grain」濾鏡，增加噪點，效果請參考展示檔。

(6) 輸出完整影片於 C:\ANS.CSF\AE02 目錄，Format：H.264 並命名為 **AEA02.mp4**。

4.評分項目：

設計項目	配分	得分
(1)	5	
(2)	7	
(3)	8	
(4)	10	
(5)	10	
(6)	10	
總分	50	

解題說明：205 修圖追蹤

(1) 設定版面為 1920*1080px、Square Pixels、30fps、Resolution：Full、設定時間軸顯示為「格數」，到第 101 格結束。

(2) 修圖作業：

Step 1. 置入 **Hydrant_Clean_up.mp4**，複製圖層後命名為「20frame」，在第 20 格，選擇 Layer > Time > Freeze Frame 凍結「20frame」圖層影片時間。

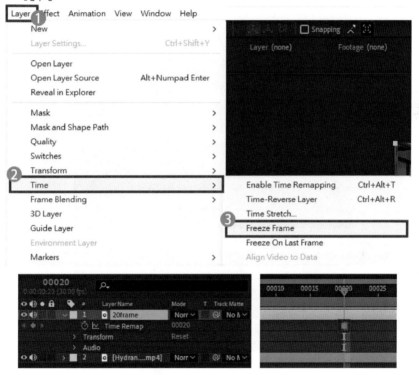

Step 2. 使用仿製圖章工具 🔲 ，連點兩下編輯「20frame」圖層，把時間指標移到時間起始，再移除畫面中的字樣及貼紙（Alt 鍵取樣仿製像素，Ctrl+滑鼠左鍵可縮放圖章大小），完成後 Pre-compose。

(3) 素材準備：

Step 1. 使用鋼筆工具 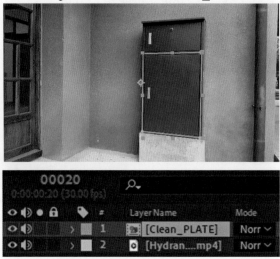 創建 Mask 框選「20frame」版面的消防栓箱邊框，完成後 Pre-compose，命名為「Clean_PLATE」。

Step 2. Pre-compose「Clean_PLATE」版面，命名為「Clean」。

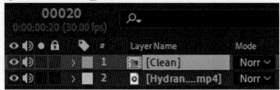

Step 3. 調整「Clean」版面為 456*624px，使 Comp 版面尺寸與消防栓箱上的門接近。除透過 Composition > Composition Settings 改變版面大小外，還可透過預覽視窗下方的 ▣ Region of Interest，直接框選區域大小後，Composition > Crop Comp to Region of Interest，以較直觀的方式來調整 Comp Size。

(4) 塗鴉合成:

Step 1. Pre-compose「Clean」版面,命名為「Screen」。

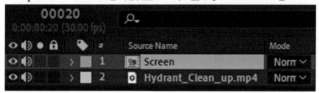

Step 2. 調整版面為 1920*1080px,並用 Effects&Presets 視窗搜尋「Corner Pin」濾鏡並套用於「Clean」Comp 版面,移動控制點將消防栓箱上的門四邊對齊至版面四角。

Step 3. 在「Screen」版面裡置入 **Graffiti.jpg**,Pre-compose 命名為「Graffiti」。在「Graffiti」版面裡使用 Solid 配合鋼筆工具 ✏ 創建所創建的 Mask,調整 Track Matte 完成修圖。

NOTE　本處直接在 Graffiti.jpg 上繪製鋼筆遮罩即可，會採用 Track Matte 的原因，是基於後期作業管理的觀點，在具規模的後期作業環境中，由於面對大量的素材和合成作業，將作業的單元做詳細的區分是必要的，目的在降低混淆出錯的風險，素材是素材、遮罩是遮罩，這種作法對於可控性和可修改性的維持也有一定的關係。再來是效能的考量，在處理大型影像檔格式如 EXR，複雜的鋼筆直接畫在素材上，會造成運算效能上的負擔，以 Matte 的方式能得到較好的運算效率。

Step 4. 完成後到「Screen」版面裡，對「Graffiti」版面使用「Levels」濾鏡調色並調整混合模式為「Multiply」，將塗鴉合成在門上，並調整尺寸。

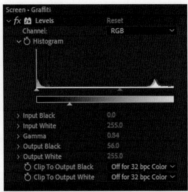

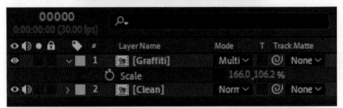

(5) 動態追蹤並完成：

Step 1. 「Screen」Comp 套用「Corner Pin」，開啟 Window>Tracker 視窗。

Step 2. 點選「Hydrant_Clean_up.mp4」圖層後，點擊 A 處「Track Motion」開啟介面，Track Type 改成 Perspective corner pin，並將 4 個點移至門的 4 個角落，確保時間軸在起始的位置，設置完成後，點擊 C 處的播放符號開始追蹤，結束時按下 Apply 完成。

NOTE　Tracker 功能對透視變化不大的畫面動態追蹤相當方便，Perspective corner pin 就相當適合於螢幕、門窗、招牌、大樓外牆等平面的透視動態追蹤上。Track Point 追蹤點內框範圍為追蹤像素，外框範圍為對比像素，追蹤點的放置，以清晰且高對比的固定點位、結構交會點，或透視變化不明顯的穩定邊角結構，為最佳選擇。

Step 3. 將「Screen」Comp 版面 Pre-compose，命名為「Door」。

Step 4. 在「Door」Comp 套用「Add Grain」濾鏡，增加噪點。

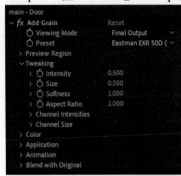

🔍 NOTE　Grain 噪點為影片的細部特徵，如同生物皮紋一般，不同規格的影片會有
　　　　不同特徵的噪點，所以在數位影像與影片的合成作業上，Match Grain「噪
　　　　點匹配」為視效合成，最後重要的工作，避免過於乾淨的影像疊加在有噪
　　　　點的影片上，所形成的不真實感，所以這邊直接以 Add Grain 的方式來取
　　　　代。

(6) 輸出影片：

Step 1. 點選專案面板，File > Export > Add to Render Queue 開啟 Render
Queue 介面。

Step 2. 點擊圖中 A 處打開設定介面,設定 Format: H.264,再點擊 B 處,更改檔名為 **AEA02.mp4**,並設定儲存位置。

Step 3. 點擊 Render 鍵輸出。

NOTE 算圖詳細說明請參考 1-3-6 算圖格式設定。

206 視覺處理　　　　　　　　　□易 ☑中 □難

1.題目說明：

這個題目使用 After Effects 進行視覺處理，從調整時間軸和背景設置開始，進一步加入調色特效和動態效果，最後將進行動態曲線和顏色設定的調整。

2.作答須知：

(1) 請建立一新文件進行設計。完成結果儲存於 C:\ANS.CSF\AE02 目錄，檔案名稱請定為 **AEA02.aep**。

(2) 指定元件及素材請至 Data 資料夾開啟。

(3) 完成之檔案效果，需與展示檔 **Demo.mp4** 相符。

(4) 除「設計項目」要求之操作外，不可執行其它非題目所需之動作。

3.設計項目：

(1) 調整時間軸與設置素材：

- 設定版面為 1920*1080px、Square Pixels、30fps、Resolution：Full、時長 5 秒。

- 設定時間軸顯示為「格數」，並匯入 **picture.jpg** 作為背景。

(2) 設定 Fractal Noise：

- 新增 Solid，命名為「01」，套用「Fractal Noise」濾鏡，調整 Scale Width、Scale Height，以每秒 150 的速度產生變化，效果請參考展示檔。

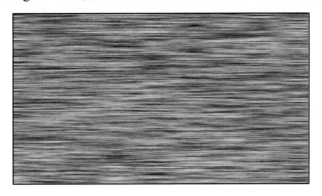

(3) 設定濾鏡：

- 新增一個 Adjustment Layer，命名為「02」，套用「Displacement Map」、「Motion Tile」、「Compound Blur」、「Curves」濾鏡，製作倒影水波紋並調暗湖面色調。（請注意圖層前後的關係）

- 其中「Displacement Map」、「Motion Tile」、「Compound Blur」設定效果如下：

  - 設定「Displacement Map」的 Displacement Map Layer 為「01」圖層及 Effects&Masks，Use For Horizontal Displacement 及 Use For Vertical Displacement 皆為 Luminance，Max Horizontal Displacement：150，Max Vertical Displacement：0。

  - 設定「Motion Tile」的 Output Width，並選擇 Mirror Edges。

- 設定「Compound Blur」的 Blur Layer 為「01」圖層及 Effects&Masks，調整 Maximum Blur 並選擇 Stretch Map to Fit。

◆ 使用遮罩讓濾鏡呈現在湖水，並調整 Mask Feather 羽化遮罩邊緣，效果請參考展示檔。

(4) 設定文字：

◆ 輸入「WATER」，設定為白色的 Arial Black 字體、大小：244px，置於水面，並套用「Mirror」、「Linear Wipe」、「Glow」濾鏡。

- 設定「Mirror」濾鏡，產生倒影。
- 設定「Linear Wipe」濾鏡，製作漸層細節。
- 設定「Glow」濾鏡，增加光暈。

◆ 複製「02」圖層的「Displacement Map」與「Compound Blur」濾鏡，至「WATER」圖層，並調整效果讓濾鏡不影響水面上文字。

◆ 在「WATER」圖層套用「Transform」特效，第 0 格時在水面下方，於第 50 格回至原位，效果請參考展示檔。

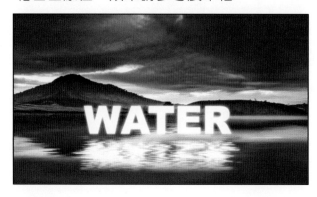

(5) 調色與輸出：

◆ 新增一個「Adjustment Layer」圖層，命名為「Levels」，套用「Levels」濾鏡，並在第 0 格調整數值，呈現昏暗的環境，於第 50 格回至原本色階。

◆ 輸出第 0 格至第 150 格成影片於 C:\ANS.CSF\AE02 目錄，Format：H.264 並命名為 **AEA02.mp4**。

4.評分項目：

設計項目	配分	得分
(1)	5	
(2)	10	
(3)	10	
(4)	15	
(5)	10	
總分	50	

解題說明：206　視覺處理

(1) 調整時間軸與設置素材：

Step 1. 設定 Comp 版面為 1920*1080px、Square Pixels、30fps、Resolution：
Full、時長 5 秒。

Step 2. Ctrl+左鍵點擊 A 處，設定時間軸顯示為「格數」，並匯入 **picture.jpg**
作為背景。

(2) 設定 Fractal Noise 製作水波紋理：

Step 1. 新增 Solid，命名為「01」，並套用 Effect > Noise & Grain > Fractal
Noise 濾鏡，並調整 Scale Width、Scale Height，變成扁平細紋狀。
Alt+左鍵點擊 A 處 Evolution 碼錶圖示，在表達式輸入欄位下達
time*150，讓效果以每秒 150 的速度變化。

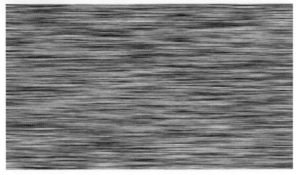

(3) 設定濾鏡製作水波效果：

Step 1. Layer > New > Adjustment Layer，命名為「02」，搜尋並套用「Displacement Map」、「Motion Tile」、「Compound Blur」、「Curves」濾鏡，製作倒影水波紋並調暗湖面色調。（請注意圖層前後關係）

Step 2. 其中「Fractal Noise」、「Motion Tile」、「Compound Blur」、「Curves」設定效果如下：

    ◆ 設定「Displacement Map」的 Displacement Map Layer 為「01」圖層及 Effects&Masks，Use For Horizontal Displacement 及 Use For Vertical Displacement 皆為 Luminance，Max Horizontal Displacement：150，Max Vertical Displacement：0。

    ◆ 設定「Motion Tile」的 Output Width，並選擇 Mirror Edges。

    ◆ 設定「Compound Blur」的 Blur Layer 為「01」圖層及 Effects&Masks，調整 Maximum Blur 並選擇 Stretch Map to Fit。

    ◆ 調整「Curves」的曲線，使畫面稍微變暗。

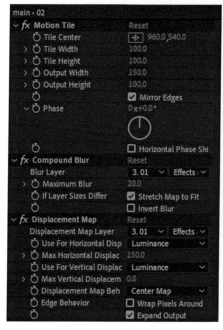
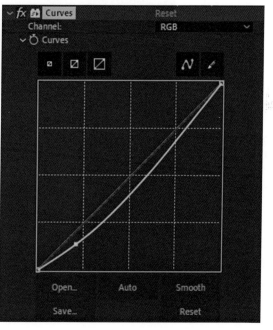

Step 3. 使用鋼筆工具 ✐ 製作「02」圖層的遮罩，選取畫面中水面區域，並調整 Mask Feather 羽化遮罩邊緣。

(4) 設定文字與倒影：

Step 1. 使用文字工具 T，輸入白色「WATER」，字型：Arial Black、大小：244px，置於水面上，並套用「Mirror」、「Linear Wipe」、「Glow」濾鏡。

◆ 設定「Mirror」濾鏡，產生倒影。

◆ 設定「Linear Wipe」濾鏡，製作文字倒影衰減效果。

◆ 設定「Glow」濾鏡，光暈效果。

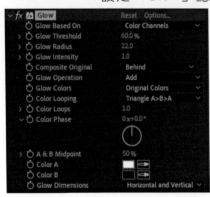 

Step 2. 複製「02」圖層的「Displacement Map」與「Compound Blur」濾鏡，並貼上於「WATER」圖層。使用矩形工具在「WATER」圖層上繪製一個 Mask，框住水面上的字體，並切換成 Subtract。

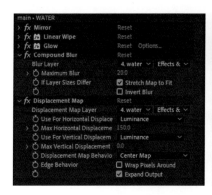 

Step 3. 展開「WATER」圖層，找到「Displacement Map」與「Compound Blur」的 Compositing Options 選項的加號，分別新增 Mask Reference，形成特效的遮罩。

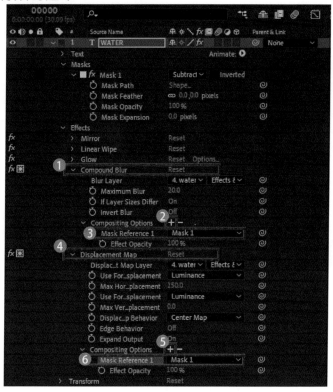

🔍 NOTE　Compositing Options 是針對濾鏡配合遮罩狀態的合成選項，可透過遮罩來增加濾鏡在圖層合成上的使用彈性，啟動 Compositing Options 的濾鏡，會以 fx▣ 圖示顯示。

Step 4. 在「WATER」圖層套用「Transform」特效，並設定 Position 的關鍵影格，第 0 格時在水面下方，於第 50 格上移至原位，關鍵影格設定 Easy Ease。

(5) 調色與輸出：

Step 1. 新增一個「Adjustment Layer」圖層，命名為「Levels」，套用「Levels」濾鏡，並在第 0 格調整數值，呈現昏暗的環境，於第 50 格回至原本色階，關鍵影格設定 Easy Ease。

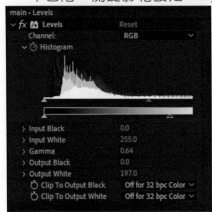
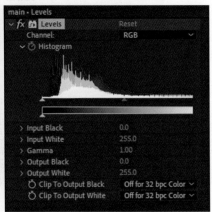

第 0 格　　　　　　　　　　　　第 50 格

Step 2. 輸出第 0 格至第 150 格成影片，點選專案面板，File > Export > Add to Render Queue 開啟 Render Queue 介面。

Step 3. 點擊圖中 A 處打開設定介面,設定 Format: H.264,再點擊 B 處, 更改檔名為 **AEA02.mp4**,並設定儲存位置。

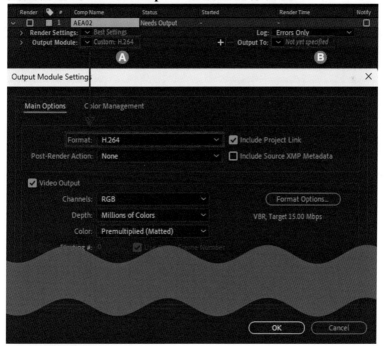

Step 4. 點擊 Render 鍵輸出。

NOTE 算圖詳細說明請參考 1-3-6 算圖格式設定。

207　The Grid　　　　　　　□易　☑中　□難

1.題目說明：

本題設計目的在於掌握 After Effects 中基本 3D、攝影機與燈光的運用，特效濾鏡結合追蹤遮罩，與 Pre-compose 等圖層合成基礎，亦是答題須具備的重要觀念；並了解透過描述式指令的應用，可以有效率的達成動態效果。

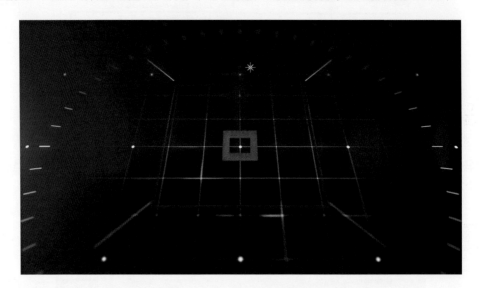

2.作答須知：

(1) 請至 C:\ANS.CSF\AE02 目錄開啟 **AED02.aep** 設計。完成結果儲存於 C:\ANS.CSF\AE02 目錄，檔案名稱請定為 **AEA02.aep**。

(2) 指定元件及素材請至 Data 資料夾開啟。

(3) 完成之檔案效果，需與展示檔 **Demo.mp4** 相符。

(4) 除「設計項目」要求之操作外，不可執行其它非題目所需之動作。

3.設計項目:

(1) 製作背景:

◆ 開啟 **AED02.aep** 製作由上而下深藍至深灰的漸層背景。

◆ 建立 50*50 淺色網格,格線寬 1。

◆ 將所有圖層轉 3D,並旋轉 Orientation 的 x 軸為 90 度,效果請參考展示檔。

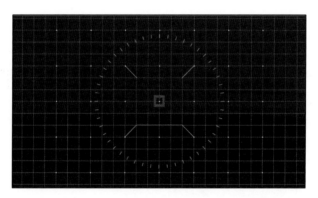

(2) 設定攝影機:

◆ 場景正上方新增白色 Point Light,照亮下方部分網格,所有 Shape Layer 均不受光線影響。

◆ 建立焦距 24mm 攝影機,開啟景深產生鏡頭模糊,對焦於中央方形,並拉開所有 Shape Layer 之間的距離,讓視覺上有層次感。

◆ 在 01:00 至 06:00 製作攝影機動態,由左下角平視移至中央下方俯視,效果請參考展示檔。

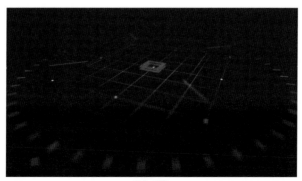

01:00

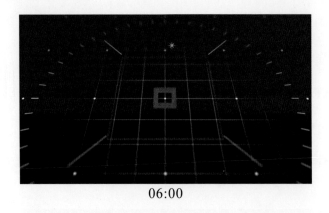

06:00

(3) 設定流光效果：

◆ 運用濾鏡「Fractal Noise」，Fractal Type：Turbulent Smooth、需以每秒 100 的速度產生變化，並調整其他數值，與 Track Matte 搭配 50*50、格線寬 1 的藍色網格，製作冷色流光效果。

◆ 運用 Glow 濾鏡提升冷色流光的光亮感，效果請參考展示檔。

(4) 套用濾鏡調整畫面：

◆ 運用「Lens Flare」濾鏡，調整 Mode 及模糊光暈，製作動態鏡頭耀光效果。

◆ 新增調整圖層套用「Glow」濾鏡並調整混合模式強化整體光亮感（不影響中央橘、藍方形），效果請參考展示檔。

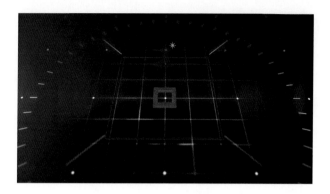

(5) 輸出 01:00 至 06:00 成影片於 C:\ANS.CSF\AE02 目錄，Format : H.264 並命名為 **AEA02.mp4**。

4.評分項目：

設計項目	配分	得分
(1)	10	
(2)	10	
(3)	15	
(4)	10	
(5)	5	
總分	50	

解題說明：207　The Grid

(1) 製作背景：

Step 1.　點選 ![圖示] 的 Title/Action Safe 隱藏安全框。

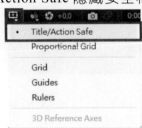

Step 2.　新增深藍與深灰色 Solid，使用矩形工具 ![圖示] 創建遮罩，調整 Mask Feather 邊緣羽化 170 左右，製作由上而下深藍至深灰的漸層背景。

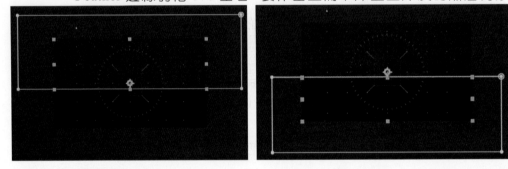

Step 3.　新增 Solid，並使用「Grid」特效建立 50*50 網格，格線寬 1，顏色改為淺藍色。

Step 4.　將所有圖層轉 3D（除了背景），並旋轉 Orientation 的 x 軸為 90 度，效果請參考展示檔。

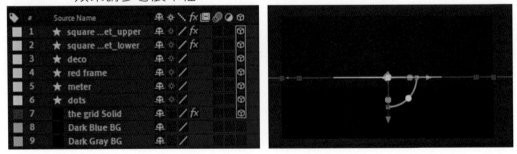

(2) 設定攝影機：

Step 1.　場景正上方新增白色 Point Light，照亮下方部分網格，並將所有 Shape Layer 的 Accepts Lights 關閉，使其不受光線影響。

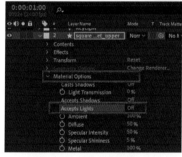
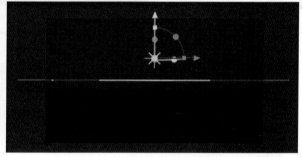

🔍 NOTE　燈光設定介紹請參考 1-2-3 圖層元件，3D 圖層與光線的反應屬性請參考
1-2-4 圖層屬性與觀念。

Step 2. 顯示視窗的右下角，框起來的部分可以切換多方位視角，確認場景
狀況。

Step 3. 建立焦距 24mm 攝影機，Type：Two-Node Camera，開啟景深產生
鏡頭模糊，調整 Focus Distance 對焦於中央方形。

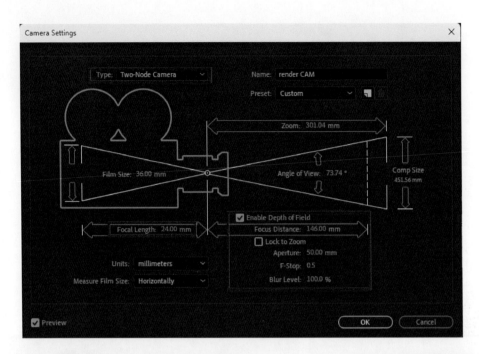

Step 4. 調整 Position 的 Y 軸，變更 Shape Layer 之間的距離，讓視覺上有層次感。

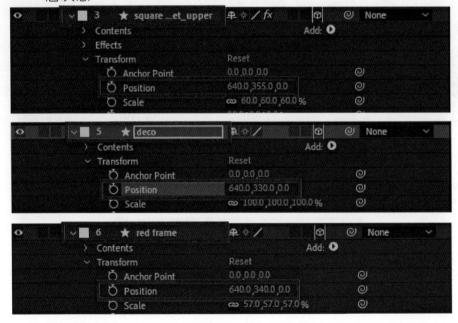

Step 5. 在 01:00 至 06:00 製作攝影機動態，設置 Point of Interest 與 Position 的關鍵影格，由左下角平視移至中央下方俯視，並調整攝影機光圈值，強化景深效果。

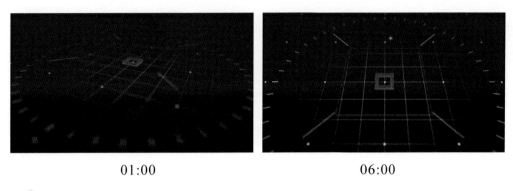

01:00   06:00

🔍 **NOTE**　　攝影機詳細說明請參考 1-2-3 圖層元件。

(3) 設定流光效果：

Step 1. 新增 Solid 套用「Fractal Noise」濾鏡，Fractal Type：Turbulent Smooth，並調整其他數值，Alt+左鍵點擊 A 處 Evolution 的碼錶圖示，在表達式輸入欄位填入 time*100，使效果能以每秒 100 的速度產生變化。

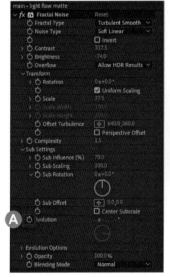

Step 2. 將套用濾鏡「Fractal Noise」的圖層 Pre-compose，命名為「grid illuminate」，在「grid illuminate」Comp 中增 Solid，套用「Grid」濾鏡建立 50*50、格線寬 1 的藍色網格，並對套有「Fractal Noise」濾鏡的 solid 圖層，設追蹤遮罩 Luma Track Matte，再複製 the grid Solid 圖層，或運用「Curves」濾鏡提高 Alpha Channel 亮度，以強化清晰度，製作冷色流光效果。

Step 3. 回到「main」版面，將「grid illuminate」版面加上「Glow」濾鏡提升冷色流光的視覺感，開啟 3D，旋轉 Orientation 的 x 軸為 90 度。

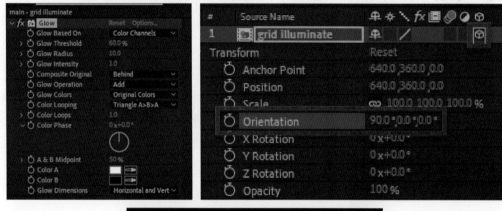

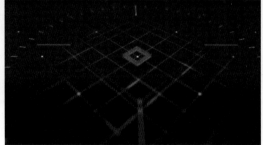

(4) 耀光效果：

Step 1. 新增 Solid，套用 50-300mm 變焦「Lens Flare」濾鏡，調整位置按下 Alt+左鍵，點擊 A 處 Flare Center 與 Flare Brightness 的碼錶圖示，Flare Center 的表達式欄位填入「[wiggle(5,30)[0],value[1]]」，Flare Brightness 的欄位填入「wiggle(3,20)」，再使用「Fast Box Blur」模糊光暈，製作動態鏡頭耀光效果。

🔍 NOTE　表達式介紹請參考 1-3-3 動畫與時間軸，Wiggle 是常用的表達是指令之一，常見的用法為 wiggle（每秒變化的次數，每次變動的幅度），但如本例欲將 Flare Center 中心點的隨機動態鎖定在 X 軸向，則須加上 [0],Value[1]，在表達式中的宣告參數，0 代表 X 軸，1 代表 Y 軸。

Step 2.　新增 Adjustment Layer 圖層套用「Glow」濾鏡並調整混合模式為「Overlay」，強化整體光亮感（調整圖層排序使其不影響中央橘、藍方形）。

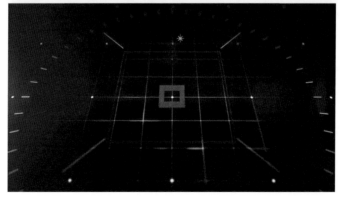

(5) 輸出 01:00 至 06:00 成影片：

Step 1. 點選專案面板，File > Export > Add to Render Queue 開啟 Render Queue 介面。

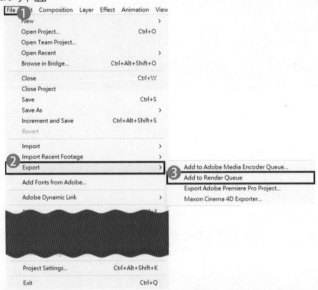

Step 2. 點擊圖中 A 處打開設定介面，設定 Format: H.264，再點擊 B 處，更改檔名為 **AEA02.mp4**，並設定儲存位置。

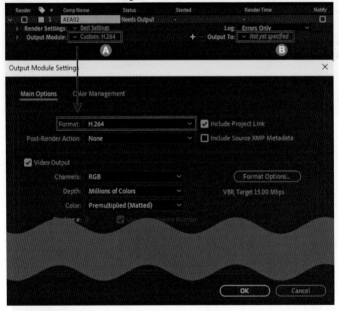

Step 3. 點擊 Render 鍵輸出。

🔍 NOTE 算圖詳細說明請參考 1-3-6 算圖格式設定。

208 手機螢幕　　　　　　　　□易 □中 ☑難

1.題目說明：

本題需完成手機拍攝畫面，將一個綠幕手機畫面置換成圖片畫面，並且配合表演將圖片放大。本題著重於 After Effects 之追蹤技巧、動態設計與色彩匹配等合成技巧之演練，使畫面真實且自然。

2.作答須知：

(1) 請建立一新文件進行設計。完成結果儲存於 C:\ANS.CSF\AE02 目錄，檔案名稱請定為 **AEA02.aep**。

(2) 指定元件及素材請至 Data 資料夾開啟。

(3) 完成之檔案效果，需與展示檔 **Demo.mp4** 相符。

(4) 除「設計項目」要求之操作外，不可執行其它非題目所需之動作。

3.設計項目：

(1) 請設定版面為 1920*1080px、Square Pixels、30fps、Resolution：Full、影格設定從第 1001 格開始。

(2) 進行綠幕去背與調色作業：

- 置入 **Phone_Element_HD.mp4**，使用「Keylight」、「Matte Choker」特效進行綠幕去背，並處理細部邊緣。

- 套用「Advanced Spill Suppressor」濾鏡，移除畫面反射綠光，效果請參考展示檔。

(3) 進行動態追蹤作業：

- 新增 Solid，Pre-compose 後置入 **Shark.jpg** 填滿至符合版面。

- 在影片中套用「Mocha AE」，將手機畫面進行平面追蹤，再將追蹤的參數資訊同步到鯊魚版面，使圖片隨著手機轉動方向移動。

- 在鯊魚版面新增「Transform」濾鏡調整圖片顯示尺寸，並設定關鍵影格縮放圖片，符合手部動作，效果請參考展示檔。

(4) 玻璃鏡面反射光製作與調色：

- ◆ 複製影片圖層，套用「Invert」特效並調整模式，取得玻璃螢幕反光的素材。

- ◆ 套用「Gradient Ramp」設定漸層及反射顏色，混合模式為「Screen」並調整 Opacity 作出轉角度時的反光動態。

- ◆ 在鯊魚版面套用「Levels」濾鏡調整為暖色調，符合周圍環境色，並加入「Match Grain」濾鏡，製作畫面的噪點，效果請參考展示檔。

(5) 新增 Adjustment Layer 套用「Lumetri Color」濾鏡，調整整體畫面為冷色調，效果請參考展示檔。

(6) 輸出完整影片於 C:\ANS.CSF\AE02 目錄，Format：H.264 並命名為 **AEA02.mp4**。

4.評分項目：

設計項目	配分	得分
(1)	5	
(2)	10	
(3)	10	
(4)	10	
(5)	5	
(6)	10	
總分	50	

解題說明：208 手機螢幕

(1) 設定 Comp 版面為 1920*1080px、Square Pixels、30fps、Resolution：Full、
影格設定從第 1001 格開始。

(2) 進行綠幕去背與調色作業：

Step 1. 置入 **Phone_Element_HD.mp4**，使用 Effects&Presets 視窗套用
「Keylight」濾鏡，透過 Screen Colour 滴管滴取螢幕色去背，套用
「Matte Choker」濾鏡修整邊緣。

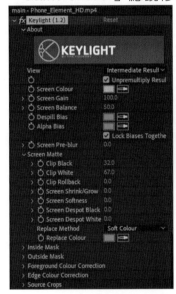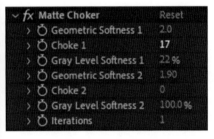

Step 2. 套用「Advanced Spill Suppressor」濾鏡，移除畫面反射綠光。

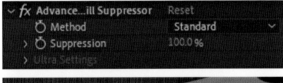

NOTE 在對無毛髮邊緣的綠幕素材進行去背時，用 Keylight 去除綠幕背景，再配
合 Matte Choker 來修飾邊緣為常見的去背手法，邊緣的溢色綠邊問題也
可透過 Spill Suppressor 濾鏡來做初步處理。

(3) 進行動態追蹤作業：

Step 1. 新增 Solid，Pre-compose 後置入 **Shark.jpg**，對圖片點右鍵，Transform
> Fit to Comp，填滿至符合版面。

Step 2. 回到 main 版面，在「Phone_Element_HD.mp4」圖層中套用「Mocha
AE」，點擊「MOCHA」圖示開啟介面。

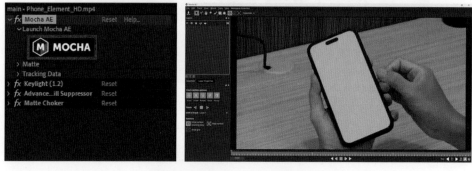

Step 3. 點擊鋼筆工具 繪製範圍，按下滑鼠右鍵完成繪製。

Step 4. 點選圖示 ，顯示邊框。

Step 5. 調整邊框大小，使其符合鋼筆工具所繪製出的範圍。

Step 6. 點選 ▶ 圖示，開始進行追蹤，完成後按儲存 ⬇ 。

Step 7. 回到主畫面，點選標示 1 創建關鍵影格，將標示 2 的對象指定為 Shark 版面，點擊標示 3 使追蹤的參數資訊同步到 Shark 版面，使圖片隨著手機轉動方向移動。

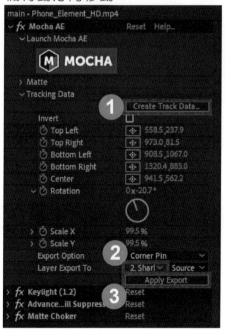

Step 8. 在 Shark 版面新增「Transform」濾鏡設定 Scale 的關鍵影格縮放圖片（比例 100% 放大至 200%），適當的加入 Easy Ease 符合手部動作。

🔍 NOTE　Mocha AE 的簡單介紹請參考 1-3-2 工具列，在平面影像對影片的對位合成，和物件動態追蹤上，Mocha AE 會比 After Effects 內建的 Tracker 來得更方便和準確。

(4) 玻璃鏡面反射光製作與調色：

Step 1. 複製「Phone_Element_HD.mp4」圖層，套用「Invert」特效並調整成 Alpha 模式，玻璃螢幕反光的素材，再套用「Gradient Ramp」設定漸層及反射顏色。

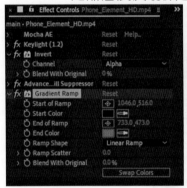 

Step 2. 將「Phone_Element_HD.mp4」圖層的混合模式變更為「Screen」並調整 Opacity 作出轉角度時的反光動態。

 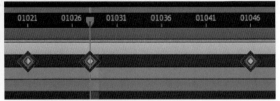

Step 3. 在 Shark Comp 版面套用「Levels」濾鏡調整為暖色調，符合周圍環境色，並加入「Match Grain」濾鏡，製作畫面的噪點，Noise Source Layer 設為 Phone_Element_HD，增加 Compensate for Existing Noise 至 60%，讓鋪墊在畫面上的噪點變明顯。

🔍 NOTE　Grain 噪點為影片的細部特徵，如同生物皮紋一般，不同規格的影片會有不同特徵的噪點，所以在數位影像與影片的合成作業上，Match Grain「噪點匹配」為視效合成，最後重要的工作，避免過於乾淨的影像疊加在有噪點的影片上，所形成的不真實感，透過 Match Grain 濾鏡來對合成影片作噪點取樣並套用在疊加影像上。

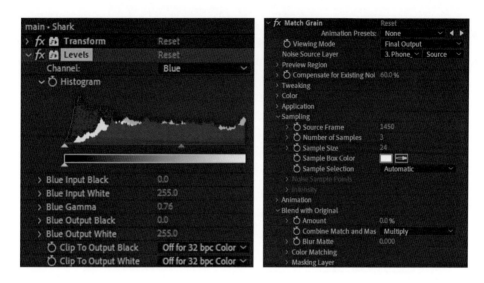

(5) 新增 Adjustment Layer 套用「Lumetri Color」濾鏡，調整整體畫面為冷色調。

(6) 輸出影片：

Step 1. 點選專案面板，File > Export > Add to Render Queue 開啟 Render Queue 介面。

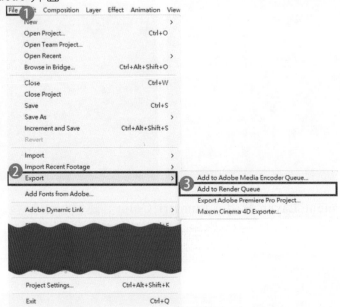

Step 2. 點擊圖中 A 處打開設定介面，設定 Format: H.264，再點擊 B 處，更改檔名為 **AEA02.mp4**，並設定儲存位置。

Step 3. 點擊 Render 鍵輸出。

NOTE   算圖詳細說明請參考 1-3-6 算圖格式設定。

209 日光夜景　　　　　□易 □中 ☑難

1.題目說明：

本題日光夜景畫面，將白天空拍畫面製作成夜晚畫面。著重於 After Effects 之調色技巧與色彩氛圍合成技巧之演練，並結合 3D 追蹤技巧，加工所需元素。

2.作答須知：

(1) 請建立一新文件進行設計。完成結果儲存於 C:\ANS.CSF\AE02 目錄，檔案名稱請定為 **AEA02.aep**。

(2) 指定元件及素材請至 Data 資料夾開啟。

(3) 完成之檔案效果，需與展示檔 **Demo.mp4** 相符。

(4) 除「設計項目」要求之操作外，不可執行其它非題目所需之動作。

3.設計項目：

(1) 請設定版面為 1920*1080px、Square Pixels、29.97fps、Resolution：Full、影格設定從第 1001 格開始，置入 **daytime_to_night.mp4**。

(2) 使用「Apply Color Lut」並進行調色作業：

- 新增 Adjustment Layer 套用「Apply Color Lut」濾鏡，使用 **LUT.cube** 作為 Lut 校色檢視。

- 將 **daytime_to_night.mp4** 進行 Pre-compose，套用「Curves」和「Color Balance」濾鏡，將畫面調暗並加入藍色調。

- 在瞭望台的兩個觀景窗分別繪製遮罩，並變更 Mask Path 讓遮罩跟隨影片移動，套用「Curves」、「Color Balance」、「Levels」和「Glow」濾鏡，進行調色並加上光暈效果，使古堡在夜晚中發光。

- 在瞭望台的周圍樹冠繪製遮罩，並變更 Mask Path 讓遮罩跟隨影片移動，套用「Linear Color Key」和「Levels」濾鏡進行調色並調整 Mask Feather 羽化邊緣，如同被觀景窗的燈光照亮周圍，效果請參考展示檔。

(3) 製作星空與月亮：

- 使用「Track Camera」功能將畫面進行 3D 追蹤，並產生攝影機。

- 建立 Solid，套用「CC Star Burst」、「Levels」濾鏡產生星空效果並調整色階，透過建立好的追蹤與攝影機，將星空合成在天空並符合攝影機運鏡，再使用遮罩讓星空只呈現在天空並設定混合模式為「Soft Light」。

◆ 透過已建立好的追蹤與攝影機，將 **Moon.png** 縮放合成在星空上並符合攝影機運鏡，月亮僅顯現右上側，呈現上弦月狀態，套用「Levels」濾鏡調整色階再複製圖層套用「Fast Box Blur」濾鏡製作月亮光暈，效果請參考展示檔。

(4) 輸出完整影片於 C:\ANS.CSF\AE02 目錄，Format：H.264 並命名為 **AEA02mp4**。

4.評分項目：

設計項目	配分	得分
(1)	5	
(2)	15	
(3)	20	
(4)	10	
總分	50	

解題說明：209　日光夜景

(1) 請設定 Comp 版面為 1920*1080px、Square Pixels、29.97fps、Resolution：Full、影格設定從第 1001 格開始，長度 138 格，置入 **daytime_to_night.mp4**。

> 🔍 NOTE　為加快預覽算圖的效率，可先將色彩深度設為 8bpc 或 16bpc。

(2) 使用「Apply Color Lut」並進行調色作業：

Step 1. 新增 Adjustment Layer，用 Effects&Presets 視窗找到「Apply Color Lut」濾鏡套用，使用素材資料夾裡的 **LUT.cube** 作為 LUT 校色檢視。

Step 2. 將「daytime_to_night.mp4」圖層進行 Pre-compose，命名為 Precomp_cc，並開啟版面，將「daytime_to_night.mp4」圖層套用「Curves」和「Color Balance」濾鏡，調整適當數值與曲線，畫面調暗並加入藍色調。

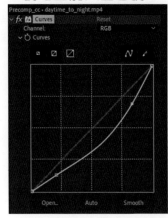 

> 🔍 NOTE　將白天拍攝的戶外影片後製成夜間場景，是影視後期業界慣用的手法，除了避開夜間戶外拍攝的難度和高成本外，在白天拍攝的畫面可保留更多的影像細節，最好選擇光線分布較均勻的狀況拍攝，譬如有雲層的陰天，應避免在日照強烈的中午或黃昏時段。除了降低整體色調的明度外，增加影像的藍色調性，尤其是陰影和暗部的像素，是夜間調色常用的技巧。

Step 3. 複製一層「daytime_to_night.mp4」圖層，在瞭望台的兩個觀景窗分別用鋼筆工具 🖊 繪製 Mask，並設定 Mask Path 的關鍵影格，讓窗戶遮罩跟隨影片移動。

Step 4. 套用「Curves」、「Color Balance」、「Levels」和「Glow」濾鏡,進行
調色並加上光暈效果,使古堡窗戶在夜晚中透光。

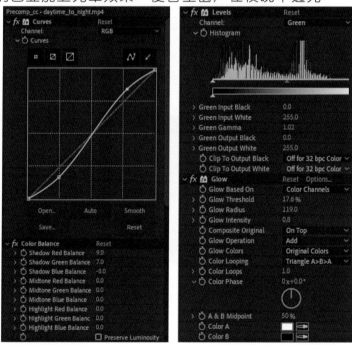

Step 5. 複製一層「daytime_to_night.mp4」圖層,在瞭望台的周圍樹冠用鋼
筆工具 ✏ 繪製 Mask,讓效果只顯示在紅色斜線區,並設定 Mask
Path 的關鍵影格,讓遮罩跟隨影片移動,並調整 Mask Feather 羽化
邊緣。

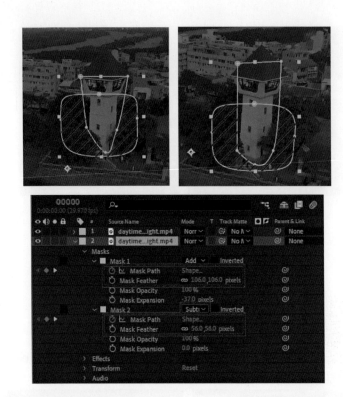

Step 6. 移除「Curves」和「Color Balance」濾鏡，套用「Linear Color Key」
　　　　和「Levels」濾鏡進行調色，如同被觀景窗的燈光照亮周圍。

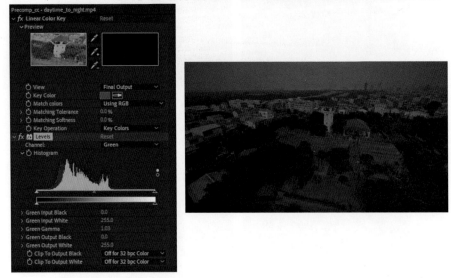

(3) 製作星空與月亮：

Step 1. 回到 main Comp，打開 Tracker 視窗，對「Precomp_cc」Comp 使用
　　　　「Track Camera」功能將畫面進行 3D 追蹤，追蹤完成後，按下 Create
　　　　Camera 按鍵，產生攝影機。

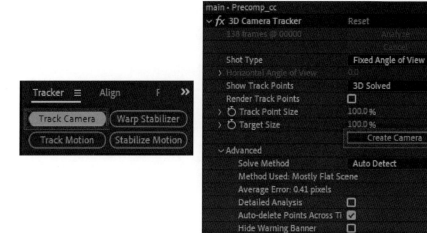

Step 2. 左鍵選定好遠處的定位點，按下滑鼠右鍵 Create Null，方便對位。

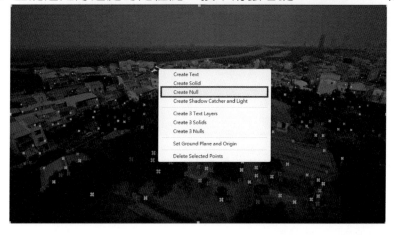

Step 3. 建立 Solid，套用「CC Star Burst」、「Levels」濾鏡產生星空效果並
調整色階，複製 Track Null 的 Position 數值到星空圖層上，並放大
範圍與調整角度。

Step 4. 複製星空圖層，改名為「MATTE」，把濾鏡刪除並調整大小，用鋼筆工具  繪製 Mask 框出天空範圍，並調整 Mask Feather 羽化邊緣。

Step 5. 星空圖層以「MATTE」圖層為遮罩，並設定混合模式為「Soft Light」。

🔍 NOTE 本處會以 Track Matte 代替直接在「Star」圖層上畫遮罩的原因，是基於後期作業管理的觀點，在具規模的後期作業環境中，由於面對大量的素材和合成作業，將作業的單元做詳細的區分是必要的，目的在降低混淆出錯的風險，素材是素材，遮罩是遮罩，這種作法對於可控性和可修改性的維持也有一定的關係。再來是效能的考量，在處理大型影像檔格式如 EXR，複雜的鋼筆直接畫在素材上，會造成運算效能上的負擔，以 Matte 的方式能得到較好的運算效率。

Step 6. 置入 **Moon.png**，用鋼筆工具 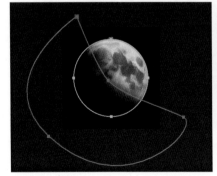 繪製 Mask，配合 Mask Feather 羽化邊緣，呈現上弦月狀態後執行 Pre-compose。

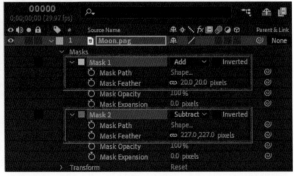

Step 7. 回到 main 圖層,調整月亮圖層數值合成在星空上,符合攝影機運鏡,月亮僅顯現右上側。

Step 8. 將月亮圖層套用「Levels」濾鏡調整色階。

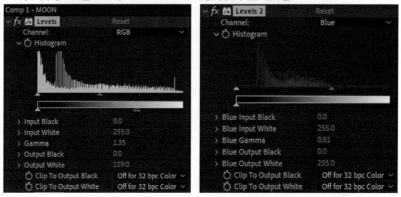

Step 9. 複製月亮圖層套用「Fast Box Blur」濾鏡製作月亮光暈,移除第二層「Levels」濾鏡,並調整第一層月亮的不透明度。

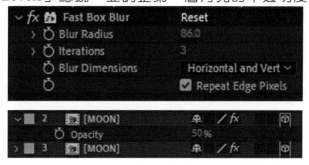

(4) 輸出完整影片：

Step 1. 點選專案面板，File > Export > Add to Render Queue 開啟 Render Queue 介面。

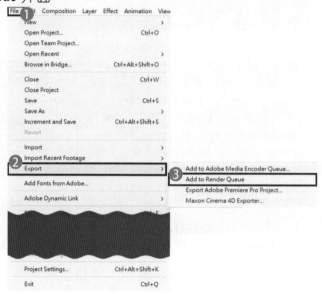

Step 2. 點擊圖中 A 處打開設定介面，設定 Format: H.264，再點擊 B 處，更改檔名為 **AEA02.mp4**，並設定儲存位置。

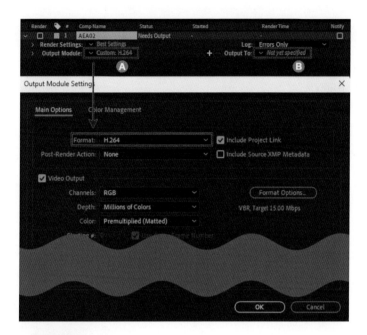

Step 3. 點擊 [⏹ Render] 鍵輸出。

🔍 NOTE   算圖詳細說明請參考 1-3-6 算圖格式設定。

210 火車窗外   □易 □中 ☑難

1.題目說明：

本題設計將車窗外綠幕去除，並追蹤攝影機以及置換自然的車窗外景與玻璃，且調色至自然的狀態。

2.作答須知：

(1) 請建立一新文件進行設計。完成結果儲存於 C:\ANS.CSF\AE02 目錄，檔案名稱請定為 **AEA02.aep**。

(2) 指定元件及素材請至 Data 資料夾開啟。

(3) 完成之檔案效果，需與展示檔 **Demo.mp4** 相符。

(4) 除「設計項目」要求之操作外，不可執行其它非題目所需之動作。

3.設計項目：

(1) 請設定版面為 1920*1080px、Square Pixels、30fps、Resolution：Full、影格設定從第 1001 格開始。

(2) 執行去背：

◆ 置入 **Train_plate.mp4** 影像素材後，使用「Keylight」工具將 View 設定為 Intermediate Result，並將綠幕與窗框周圍修整乾淨（可拆成不同區塊搭配鋼筆工具繪製 Mask 進行去背），效果請參考展示檔。

(3) 動態追蹤車窗：

◆ 在火車影片使用「Track Motion」進行動態追蹤，並創建一個 Null Object，將完成追蹤的資訊匯到 Null Object。

◆ 建立 Parent&Link，讓繪製的遮罩可以跟隨 Null Object 移動，並將所有圖層 Pre-compose，命名為「key_matte」，效果請參考展示檔。

火車影片動態追蹤

(4) 玻璃合成：

◆ 再次置入火車影片，設定「key_matte」圖層為遮罩，並套用「Advanced Spill Suppressor」濾鏡調整畫面，使車廂內顏色更自然。

◆ 複製「key_matte」版面的 Null Object，接著置入 **Dust.png**，設定混合模式為「Screen」，建立 Parent&Link，讓玻璃髒污素材可以跟隨 Null Object 移動，使其符合火車動態。

◆ 在車窗髒污的左上角繪製遮罩，套用「Curves」、「Fast Box Blur」濾鏡，將玻璃髒污調整至更為透明並製作模糊視覺，使整體更真實，效果請參考展示檔。

(5) 調色與氛圍合成：

◆ 置入 **Train_BG.mp4** 作為背景，套用「Levels」工具進行調色，使背景色彩較為暖色且明亮。再套用「Camera Lens Blur」工具製作景深，以模擬拍攝時窗外失焦的自然狀態。

◆ 新增 Adjustment Layer，在窗外右上角繪製遮罩，套用「Levels」工具將其調整至更明亮且些微過曝效果。

◆ 將所有圖層 Pre-compose，套用「Add Grain」濾鏡，模擬影像噪點效果，效果請參考展示檔。

(6) 輸出完整影片於 C:\ANS.CSF\AE02 目錄，Format：H.264 並命名為 **AEA02.mp4**。

4.評分項目：

設計項目	配分	得分
(1)	5	
(2)	10	
(3)	10	
(4)	10	
(5)	5	
(6)	10	
總分	50	

解題說明：210　火車窗外

(1) 請設定 Comp 版面為 1920*1080px、Square Pixels、30fps、Resolution：Full、影格設定從第 1001 格開始。

(2) 執行去背：

Step 1. 置入 **Train_plate.mp4** 影像素材後，使用「Keylight」濾鏡將 View 設定為 Intermediate Result，並將綠幕與窗框周圍修整乾淨（可拆成不同區塊在 Solid 上使用鋼筆工具繪製 Mask，分別搭配遮罩與混和模式進行去背）。

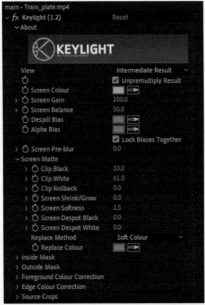

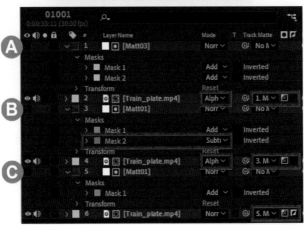

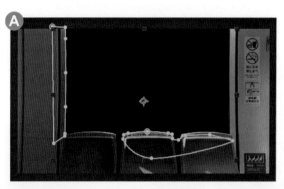

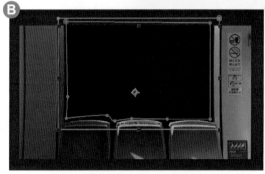
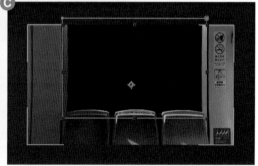

(3) 車窗動態追蹤：

Step 1. 創建一個 Null Object。

Step 2. 在火車影片點擊 Tracker 視窗中的「Track Motion」開啟視窗，將 Rotation 與 Scale 的選項打勾，移動追蹤點至窗戶的左右角落。

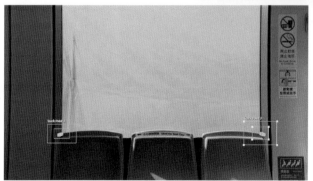

Step 3. 確定時間指標在起始的位置，按下播放圖示開始追蹤，點選「Edit Target...」選擇 Null 為對象，按下 Apply 完成。

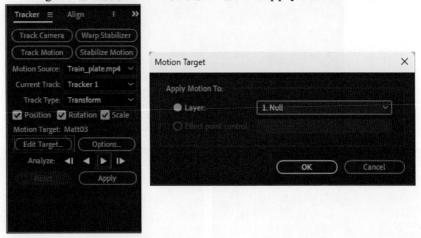

Step 4. 繪製的遮罩跟 Null Object 建立父子關聯，並將所有圖層 Pre-compose，命名為「key_matte」。

(4) 玻璃合成：

Step 1. 再次置入 **Train_plate.mp4**，設定「key_matte」圖層為遮罩，並套用「Advanced Spill Suppressor」濾鏡去除畫面溢色。

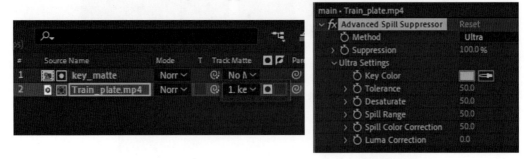

🔍 NOTE　本處會分圖層繪製遮罩在 Solid 上，並運用 Track Matte 合成概念，來對遮罩和影片素材分開處裡的原因，是基於後期作業管理的觀點，在具規模的後期作業環境中，由於面對大量的素材和合成作業，將作業的單元做詳細的區分是必要的，目的在降低混淆出錯的風險，素材是素材、遮罩是遮罩，這種作法對於可控性和可修改性的維持也有一定的關係。再來是效能的考量，在處理大型影像檔格式如 EXR，複雜的鋼筆直接畫在素材上，會造成運算效能上的負擔，以 Matte 的方式能得到較好的運算效率。

Step 2.　複製「key_matte」版面裡的 Null Object，接著置入 **Dust.png**，設定混合模式為「Screen」，建立 Parent&Link，讓玻璃髒污素材可以跟隨 Null Object 縮放與移動，使其符合火車動態。

Step 3.　用 Solid 與鋼筆工具繪製 Mask 製作遮罩，將「Dust.png」圖層套用「Curves」濾鏡提高對比，以及「Fast Box Blur」濾鏡模糊汙漬，做出玻璃質感。

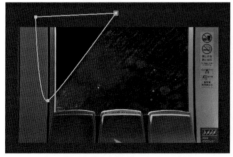

(5) 調色與氛圍合成：

Step 1. 置入 **Train_BG.mp4** 作為背景，套用「Levels」工具進行調色，使背景色彩較為暖色且明亮。再套用「Camera Lens Blur」工具製作景深，以模擬拍攝時窗外失焦的自然狀態。

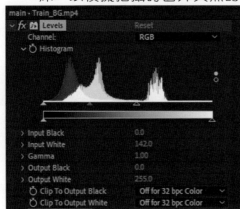
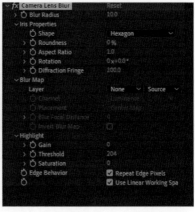

Step 2. 新增 Adjustment Layer，使用鋼筆工具在窗外右上角繪製 Mask，套用「Levels」工具將其調整至更明亮且些微過曝效果，並將 Histogram 設定關鍵影格，增加過曝的細節。

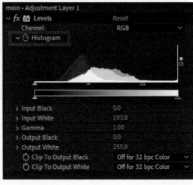

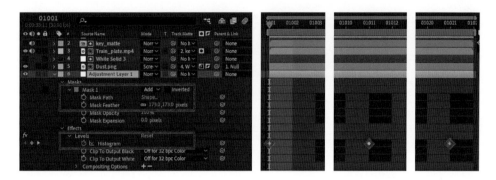

Step 3. 將所有圖層 Pre-compose，套用「Add Grain」濾鏡，模擬影像噪點效果。

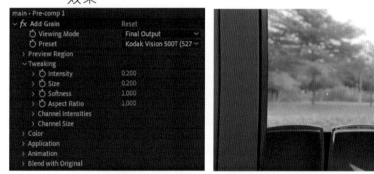

NOTE　Grain 噪點，為影片的細部特徵，如同生物皮紋一般，不同規格的影片會有不同特徵的噪點，所以在數位影像與影片的合成作業上，Match Grain「噪點匹配」為視效合成，最後重要的工作，避免過於乾淨的影像疊加在有噪點的影片上，所形成的不真實感，所以這邊直接以 Add Grain 的方式來取代。

(6) 輸出完整影片：

Step 1. 點選專案面板，File > Export > Add to Render Queue 開啟 Render Queue 介面。

Step 2. 點擊圖中 A 處打開設定介面，設定 Format: H.264，再點擊 B 處，
更改檔名為 **AEA02.mp4**，並設定儲存位置。

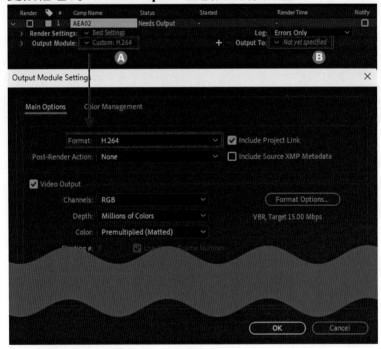

Step 3. 點擊 Render 鍵輸出。

NOTE　算圖詳細說明請參考 1-3-6 算圖格式設定。

CHAPTER 3

動態與視覺特效實務認證篇

After Effects CC

3-1 認證規範

3-2 動態與視覺特效設計綜合
能力題庫

3-1 認證規範

3-1-1 第一類 動態與視覺特效設計綜合能力

技能內容	
1.	作業觀念
2.	素材整理與導入
3.	腳本安裝
4.	專案整合與匯出
5.	版面與造型
6.	動態綜合表現
7.	轉場綜合表現
8.	圖像轉換表現
9.	整體節奏掌握
10.	動態與合成視效綜合表現
11.	物理動畫製作
12.	動畫表演
13.	合成與視覺匹配
14.	濾鏡視覺特效綜合表現
15.	視覺情境營造
16.	合成視覺特效與動態綜合表現
17.	打光
技能內容說明：評核受測者具備影音實務設計的能力。	

3-2 動態與視覺特效設計綜合能力題庫

3-2-1 題庫

101 熔岩燈　　　　　　　□易 □中 ☑難

1.題目說明：

本題設計目的在於掌握 After Effects 中隨機運動表達式、複合式特效操作，了解遮罩與圖層特效及混合模式使用，製作出具立體感的漸層熔岩燈效果。

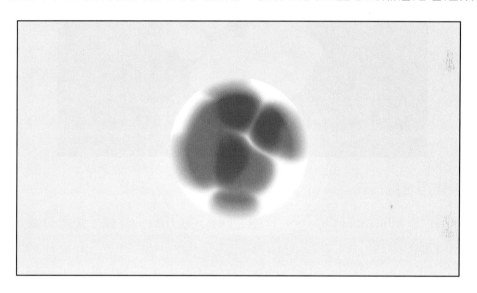

2.作答須知：

(1) 請至 C:\ANS.CSF\AE01 目錄開啟 **AED01.aep** 設計。完成結果儲存於 C:\ANS.CSF\AE01 目錄，檔案名稱請定為 **AEA01.aep**。

(2) 指定元件及素材請至 Data 資料夾開啟。

(3) 完成之檔案效果，需與展示檔 **Demo.mp4** 相符。

(4) 除「設計項目」要求之操作外，不可執行其它非題目所需之動作。

3.設計項目：

(1) 製作隨機運動動畫：

- ◆ 複製適當數量圓球 Shape Layer，配置到畫面中心，並將所有圖層的位移數值加入 wiggle 表達式，產生隨機運動效果。

- ◆ 適當縮放圖層大小並製作進場動態，增加畫面層次，效果請參考展示檔。

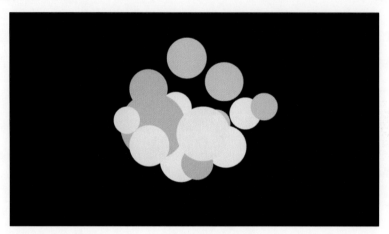

(2) 製作熔岩燈特效：

- ◆ 新增 Adjustment Layer，套用「Fast Box Blur」濾鏡，使所有圓球邊緣模糊。

- ◆ 新增白色 Solid 為背景，並 Pre-compose 所有圖層，命名為「lava」，效果請參考展示檔。

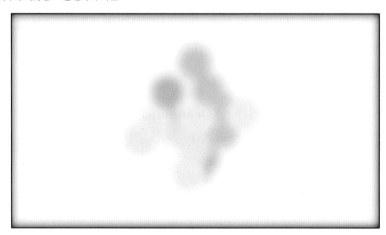

(3) 製作圓球遮罩：

♦ 在「main」版面，繪製 600*600px 之圓形於畫面中央，作為「lava」圖層遮罩。

♦ 複製圓形並調整填色，外部為白色，內部為黑色，再調整混合模式為「Overlay」，產生圓球反光質感。

♦ 複製圓形並調整填色為白色，套用「Fast Box Blur」濾鏡，設定混合模式為「Lighten」，並調整圖層位置，製作圓球光暈，效果請參考展示檔。

(4) 強化質感：

♦ 在「main」版面中對「lava」圖層套用「CC Vector Blur」、「Hue/Saturation」濾鏡，製作變色動態。

♦ 新增淡橘色 Solid 為背景，並製作圓球縮放進場效果。

♦ 新增 Adjustment Layer 套用「Optics Compensation」濾鏡，加強穿梭進場動態，效果請參考展示檔。

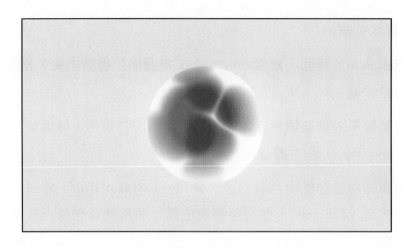

(5) 輸出 00:00 至 10:00 成影片於 C:\ANS.CSF\AE01 目錄，Format：H.264 並
命名為 **AEA01.mp4**。

4.評分項目：

設計項目	配分	得分
(1)	20	
(2)	20	
(3)	30	
(4)	20	
(5)	10	
總分	100	

102 視覺處理 □易 □中 ☑難

1.題目說明：

這個題目使用 After Effects 製作 LOGO 文字分解特效。熟練使用 CC Pixel Polly 特效，並使用表達式使 Colorama 與 Glow 產生光影視覺，產生一個具有科技繽紛感的文字轉場特效。

2.作答須知：

(1) 請建立一新文件進行設計。完成結果儲存於 C:\ANS.CSF\AE01 目錄，檔案名稱請定為 **AEA01.aep**。

(2) 指定元件及素材請至 Data 資料夾開啟。

(3) 完成之檔案效果，需與展示檔 **Demo.mp4** 相符。

(4) 除「設計項目」要求之操作外，不可執行其它非題目所需之動作。

3.設計項目：

(1) 調整時間軸與新增文字：

◆ 請設定版面為 1920*1080px、Square Pixels、30fps、Resolution：Full、
時長 6 秒，命名為「main」。

◆ 設定時間軸顯示為「格數」，在畫面輸入白色「AE」，並 Pre-compose，
命名為「AE1」。

◆ 在「main」版面的「AE1」圖層套用「CC Pixel Polly」、「Checkerboard」、
「Fractal Noise」、「Colorama」濾鏡，其中需調整以下效果（請注意圖
層前後的關係）：

- 設定「CC Pixel Polly」，製作文字破碎效果。

- 設定「Checkerboard」，產生棋盤格效果。

- 設定「Colorama」濾鏡，Phase Shift 以每秒 150 的速度產生變化。

◆ 複製「Checkerboard」濾鏡，調整寬度豐富視覺呈現，效果請參考展
示檔。

(2) 新增圖層與動畫：

◆ 複製「AE1」圖層，命名為「AE2」，刪除所有濾鏡，只保留「Fractal
Noise」。調整「Fractal Noise」濾鏡的 Scale，再套用「Colorama」特
效。

◆ 設定 Opacity，在「AE1」圖層，第 0 格為 0，第 10 格為 100；在「AE2」圖層，第 0 格為 100，第 10 格為 0，完成動畫的轉場，效果請參考展示檔。

約第 5 格效果

(3) 新增濾鏡：

◆ 新增 Solid，命名為「matte」，顏色為內部黑色漸層至外部深灰色。

◆ 新增 Adjustment Layer 於最上層，套用「Time Displacement」、「Glow」濾鏡，調整為以下效果：

- 設定「Time Displacement」，使用「matte」圖層作為素材，並調整數值產生動態變化。

- 設定「Glow」，製作光暈，效果請參考展示檔。

(4) 增加動畫效果：

* 新增 Solid，命名為「Mosaic」，套用「Roughen Edges」、「Mosaic」濾鏡，再繪製矩形遮罩於畫面中心，設定關鍵影格由第 110 格至第 170 格，從左側向右方延伸展開。

  – 設定「Roughen Edges」的 Evolution 以每秒 65 的速度產生變化，並調整 Border、Edge Sharpness 數值。

  – 設定「Mosaic」，製作馬賽克效果。

* 複製「AE2」圖層，調整不透明度，以「Mosaic」圖層為遮罩，並與「Mosaic」圖層 Pre-compose，命名為「AE3 Mosaic」。

* 在「AE3 Mosaic」圖層上套用「CC Glass」、「Glow」濾鏡，產生玻璃風格並增加光暈，效果請參考展示檔。

(5) 製作前後層效果：

* 在 Project 視窗複製「AE3 Mosaic」至時間軸「AE3 Mosaic」圖層下方，並調整開頭位置在第 103 格。

* 複製「AE3 Mosaic」圖層的「CC Glass」、「Glow」濾鏡至「AE3 Mosaic 2」，並設定「AE3 Mosaic 2」圖層的 Mask Path，矩形左側會一起向右移動。

* 在「main」版面的「AE3 Mosaic 2」圖層套用「Colorama」、「Displacement Map」濾鏡：

- 設定「Colorama」，使文字產生彩色光。

- 設定「Displacement Map」，讓圖層產生錯位效果，效果請參考展示檔。

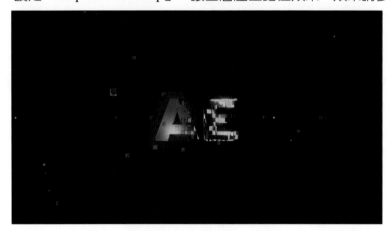

(6) 輸出第 30 格至第 180 格的影片於 C:\ANS.CSF\AE01 目錄，Format：H.264 並命名為 **AEA01.mp4**。

4.評分項目：

設計項目	配分	得分
(1)	20	
(2)	15	
(3)	15	
(4)	20	
(5)	20	
(6)	10	
總分	100	

103 旗幟飄揚　　　　　　　　　　　□易 □中 ☑難

1.題目說明：

本題設計需掌握 After Effects 中各項基本操作、以 Shape Layer 繪製素材，了解 Fractal Noise 及 Displacement Map 搭配及 Wave Warp，製作出寫實的飄揚旗幟效果。

2.作答須知：

(1) 請至 C:\ANS.CSF\AE01 目錄開啟 **AED01.aep** 設計。完成結果儲存於 C:\ANS.CSF\AE01 目錄，檔案名稱請定為 **AEA01.aep**。

(2) 指定元件及素材請至 Data 資料夾開啟。

(3) 完成之檔案效果，需與展示檔 **Demo.mp4** 相符。

(4) 除「設計項目」要求之操作外，不可執行其它非題目所需之動作。

3.設計項目：

(1) 參考 **flag.jpg** 描繪國旗：

◆ 繪製矩形，以 **flag.jpg** 的紅色填色。

◆ 繪製矩形於畫面左上角，以 **flag.jpg** 的藍色填色。

◆ 繪製圓形於畫面左上方作為太陽中心，以 **flag.jpg** 的白色填色。

◆ 繪製等腰三角形，以 Repeater 功能製作共 12 個三角形，沿圓形繞一圈，完成太陽造型，以 **flag.jpg** 的白色填色。

◆ 關閉參考圖顯示，並將所有圖層 Pre-compose，命名為「flag」，效果請參考展示檔。

(2) 製作國旗飄動黑白陰影：

◆ 將「main」版面尺寸調整為 1920*1080px，並新增白色 Solid 為背景。

◆ 新增 Solid 套用「Fractal Noise」濾鏡，調整數值並設定 Evolution、Offset Turbulence，做出持續由左向右流動的動畫，再 Pre-compose 此圖層，命名為「map」。

◆ 在「map」版面，繪製由左側白色漸層至右側黑色的圖形並調整混合模式為「Screen」，使畫面右側流動動畫不受漸層影響，03:00 至 04:00 時將白色區塊由左至右延伸覆蓋畫面，效果請參考展示檔。

約 03:00 的漸層圖形

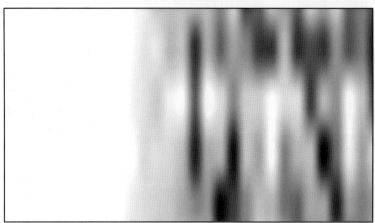

約 03:00 的「map」版面

(3) 製作風吹效果：

- 在「main」版面將「flag」圖層套用「Displacement Map」濾鏡，使國旗飄動更真實。

- 複製「map」圖層，調整混合模式為「Soft Light」，並開啟 Preserve Underlying Transparency，再設定 Opacity，03:00 時為 100，04:00 時為 0。

- 將兩個「map」以及「flag」圖層 Pre-compose，命名為「flag-wave」，並將版面尺寸調整為 680*500px，效果請參考展示檔。

(4) 製作波浪效果：

◆ 在「main」版面將「flag-wave」圖層套用「Wave Warp」濾鏡，使其為固定左邊飄動。製作 Wave Height 在 03:00 至 04:00 動態變化，完成旗幟飄揚到不動的動畫，效果請參考展示檔。

(5) 輸出「main」版面 00:00 至 05:00 成影片於 C:\ANS.CSF\AE01 目錄，Format：H.264 並命名為 **AEA01.mp4**。

4.評分項目：

設計項目	配分	得分
(1)	20	
(2)	20	
(3)	20	
(4)	30	
(5)	10	
總分	100	

104 Happy Birthday   □易 □中 ☑難

1.題目說明：

平面圖像形式的動態影像設計，著重於動態節奏上的經營，以賦予作品生命力，進而使觀者產生視覺上的連貫感；本題透過遮罩、Shape Layer 與變形技巧，達成常見的圖像轉換手法。以生日為主題，完成兩個扁平化圖像的動態與平滑轉換。

2.作答須知：

(1) 請建立一新文件進行設計。完成結果儲存於 C:\ANS.CSF\AE01 目錄，檔案名稱請定為 **AEA01.aep**。

(2) 指定元件及素材請至 Data 資料夾開啟。

(3) 完成之檔案效果，需與展示檔 **Demo.mp4** 相符。

(4) 除「設計項目」要求之操作外，不可執行其它非題目所需之動作。

3.設計項目：

(1) 請設定版面為 1280*720px、Square Pixels、24fps、Resolution：Full、時長 14 秒。

(2) 蛋糕進場動態：

- 以 **reference.ai** 為參考，可自行選擇是否使用提供的素材檔案。

- 出場藍色方塊需有擠壓與彈性動態。

- 透過 Shape Layer 的額外屬性與遮罩製作巧克力醬覆蓋蛋糕的動態，並接續呈現蛋糕中間的雙層夾心。

- 藍莓在 02:16 由左至右依序出現並帶有彈性縮放動態，效果請參考展示檔。

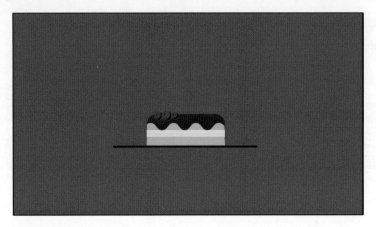

(3) 燭火與燃煙效果：

- 製作蠟燭與燭芯並用 circle burst 動態效果帶出燭火。

- 透過變形濾鏡與漸層填色製作燭火搖曳效果，從 04:05 燃燒至 06:15 熄滅，其中燭火須有火光並在熄滅前的合理變形與晃動。

- 以 Shape Layer 額外屬性及白色漸層製作燭火熄滅後的燃煙效果，並在燃煙結束後蠟燭接著消失，效果請參考展示檔。

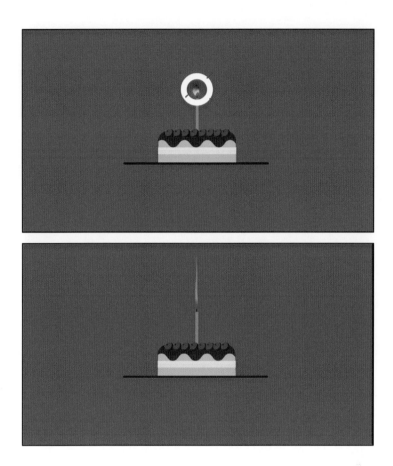

(4) 蛋糕轉換動態：

◆ 接續蠟燭消失後，製作藍莓由右至左依序消失的彈性縮放動畫，並完成蛋糕轉換為禮物盒的過渡動態。

◆ 蛋糕轉換為禮物盒時，蛋糕內層夾心也須轉為禮物盒的斜紋裝飾，效果請參考展示檔。

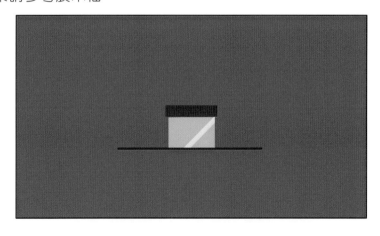

(5) 禮物動態：

◆ 製作禮物盒元素依序出現動態，包含盒蓋與紅白線條外包裝。

◆ 製作尾端有粗細變化之桃紅色緞帶，蝴蝶結須從連接處出現，待打結完成後加上拉彈動態效果。

◆ 最後禮物上方有 2 個小物件動態在緞帶拉彈時出現，效果請參考展示檔。

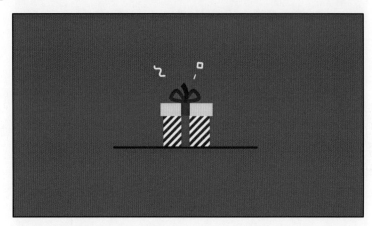

(6) 輸出 00:00 至 14:00 成影片於 C:\ANS.CSF\AE01 目錄，Format：H.264 並命名為 **AEA01.mp4**。

4.評分項目：

設計項目	配分	得分
(1)	5	
(2)	30	
(3)	15	
(4)	10	
(5)	30	
(6)	10	
總分	100	

105 閃爍文字 □易 □中 ☑難

1.題目說明：

本題設計目的在於掌握 After Effects 中各種雜訊特效操作，使用 Shape Layer 製作裝飾元素，與熟知關鍵影格設置，製作出雜訊和閃爍文字的視覺效果。

2.作答須知：

(1) 請至 C:\ANS.CSF\AE01 目錄開啟 **AED01.aep** 設計。完成結果儲存於 C:\ANS.CSF\AE01 目錄，檔案名稱請定為 **AEA01.aep**。

(2) 指定元件及素材請至 Data 資料夾開啟。

(3) 完成之檔案效果，需與展示檔 **Demo.mp4** 相符。

(4) 除「設計項目」要求之操作外，不可執行其它非題目所需之動作。

3.設計項目：

(1) 在 00:00 至 00:20，將六個文字分別錯開時間序製作進場動態，搭配
「Toggle Hold Keyframe」做出閃跳移動或縮放效果，效果請參考展示檔。

(2) 以 Shape Layer 增加裝飾元素：

- 繪製三個與文字交錯的線段，使用 Trim Path 製作文字進場裝飾元素，
錯開出現時間並設定混合模式為「Difference」，與文字重疊產生負片
效果。

- 在 00:10 至 03:00 繪製方塊於文字右下方，並搭配「Toggle Hold
Keyframe」做出閃爍效果，效果請參考展示檔。

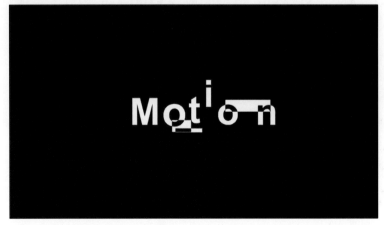

(3) 設定畫面整體特效：

- 新增 Solid 套用「Fractal Noise」濾鏡，設定為黑白棋盤狀。再增加 Adjustment Layer，套用「Displacement Map」濾鏡，依據 Solid 圖層 使畫面產生錯位效果。

- 新增 Adjustment Layer，套用「Venetian Blinds」濾鏡，製作橫紋掃描 線。

- 新增 Adjustment Layer，套用「Glow」濾鏡，讓畫面帶光暈。

- 新增 Solid，套用「Grid」，製作網格背景，完成後 Pre-compose，新增 橢圓形 Mask 並調整 Mask Feather，製作細節。

- 新增 Adjustment Layer，套用「Optics Compensation」濾鏡，製作畫面 凸型效果，效果請參考展示檔。

- 新增 Adjustment Layer，套用「Noise」濾鏡，製作畫面雜訊。

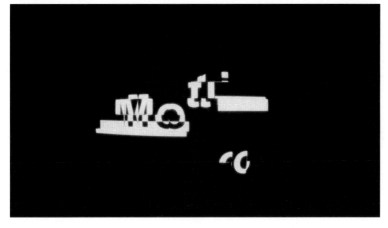

(4) 增加後段特效：

- 新增 Adjustment Layer，繪製三個矩形遮罩，再套用「Transform」濾鏡調整尺寸，並在 00:10 至 00:20 設定遮罩 Mask Path 動態，製作局部放大錯位的效果。

- 複製矩形遮罩圖層，在 03:05 至 03:15 設定遮罩 Mask Path 動態，增加畫面細節。

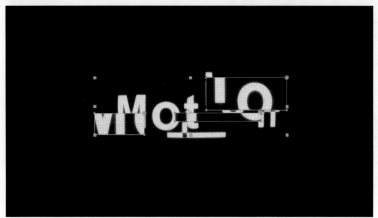

(5) 製作文字退場動態：

- 在 03:00 時，將六個文字分別錯開時間序製作退場動態，搭配「Toggle Hold Keyframe」，做出閃跳移動或縮放效果。

- 繪製一個與文字交錯的線段，使用 Trim Path 製作退場裝飾元素，並設定混合模式為「Difference」，與文字重疊產生負片效果，效果請參考展示檔。

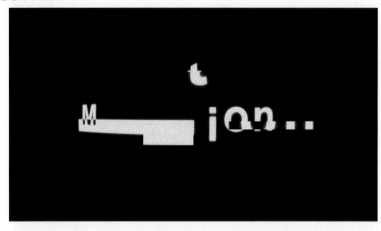

(6) 輸出：

- 將所有圖層 Pre-compose，再新增黑色 Solid 作為背景。

- 輸出 00:00 至 05:00 成影片於 C:\ANS.CSF\AE01 目錄，Format：H.264 並命名為 **AEA01.mp4**。

4.評分項目：

設計項目	配分	得分
(1)	15	
(2)	20	
(3)	20	
(4)	20	
(5)	15	
(6)	10	
總分	100	

106 片頭設計-FOCUS   □易 □中 ☑難

1.題目說明:

本題示範製作流體變形效果,以賦予字體動態有機變化的視覺感,並了解在畫面上的情緒營造,與視覺空間感上的經營,亦是成熟動態設計的關鍵要素。

2.作答須知:

(1) 請建立一新文件進行設計。完成結果儲存於 C:\ANS.CSF\AE01 目錄,檔案名稱請定為 **AEA01.aep**。

(2) 指定元件及素材請至 Data 資料夾開啟。

(3) 完成之檔案效果,需與展示檔 **Demo.mp4** 相符。

(4) 除「設計項目」要求之操作外,不可執行其它非題目所需之動作。

3.設計項目：

(1) 請設定版面為 1280*720px、Square Pixels、25fps、Resolution：Full、時長 7 秒、命名為「main」。

(2) 字體動態基礎設定：

- ◆ 輸入「FOCUS」，設定為白色的 Bauhaus 93 字體、大小：244px、字距：0，置於畫面正中間，並將文字圖層 Pre-compose，命名為「title」。

- ◆ 在「title」版面 00:00 至 04:00 製作文字動畫，依照展示檔筆順並同時呈現各字元動態，效果請參考展示檔。

(3) 設定「title」版面文字流體效果：

- ◆ 設定 Null Object 在 00:00 至 03:00 沿著各字元邊框移動。

- ◆ 運用「CC Particle World」製作紫紅色及藍色字體邊框的流體效果，將 Producer 的位移數值依據 Null Object 的設定，繞著字體外框移動，並套用「Ripple」濾鏡增加流動波紋。（流動方向須與展示檔一致）

- ◆ 透過 Adjustment Layer，套用「Gaussian Blur」、「Levels」、「Glow」濾鏡，強化粒子流體視覺感，效果請參考展示檔。

(4) 液態黏稠效果與環境氛圍營造：

♦ 在「main」版面中對「title」圖層套用「Gaussian Blur」與「Levels」
濾鏡，強化液體變形的黏稠感，並透過 Bevel and Emboss 和 Drop
Shadow 強化質感。

♦ 製作暗角效果與放射性漸層背景，內部米白色漸層至外部深綠色。

♦ 運用「CC Particle World」製作散景效果，分別將圓形與中空圓散布
於版面中，效果請參考展示檔。

(5) 運鏡與輸出：

♦ 攝影機 Focal Length：28mm，以 dolly move 方式運鏡從 00:00 至 06:00。

♦ 輸出「main」版面 00:00 至 07:00 成影片於 C:\ANS.CSF\AE01 目錄，
Format：H.264 並命名為 **AEA01.mp4**。

4.評分項目：

設計項目	配分	得分
(1)	5	
(2)	30	
(3)	30	
(4)	20	
(5)	15	
總分	100	

107　片頭設計-Turf War　　　　□易 □中 ☑難

1.題目說明：

本題重點在於運用基本的 Classic 3D，快速建立具備視覺效果的場景。相較於主流的 3D 繪圖軟體，After Effects 的傳統 Classic 3D 功能，無法提供光跡追蹤或全域照明等光影擬真運算，故需高度藉由合成手段（compositing），來達到具情境感的視覺表現。

2.作答須知：

(1) 請建立一新文件進行設計。完成結果儲存於 C:\ANS.CSF\AE01 目錄，檔案名稱請定為 **AEA01.aep**。

(2) 指定元件及素材請至 Data 資料夾開啟。

(3) 完成之檔案效果，需與展示檔 **Demo.mp4** 相符。

(4) 除「設計項目」要求之操作外，不可執行其它非題目所需之動作。

3.設計項目：

(1) 請設定版面為 1280*720px、Square Pixels、24fps、Resolution：Full、時長 14 秒。

(2) 建立倉庫場景：

  ◆ 運用 **ceiling.jpg**、**floor.jpg**、**side wall.jpg**、**graffiti gate.jpg** 製作出倉庫，並複製一個延伸長度。

  ◆ 運用 **container_01.jpg**、**container_02.jpg** 製作出貨櫃，共需製作 8 個貨櫃擺放置倉庫裡，效果請參考展示檔。

(3) 打光與運鏡：

  ◆ 場景中打一盞「Ambient Light」與兩盞「Spot Light」，燈光顏色如下：

    − 「Ambient Light」顏色為淺藍色。

    − 直向「Spot Light」顏色為淺藍色。

    − 側面「Spot Light」顏色為淺黃色。

◆ 側面「Spot Light」利用 **fan blade.png**，投射順時針轉動的風扇陰影在倉庫牆面上。

◆ 建立攝影機，Focal Length：28mm 並開啟景深，焦距：275mm、光圈：40mm，運鏡於 02:00 開始至 13:00 結束，效果請參考展示檔。

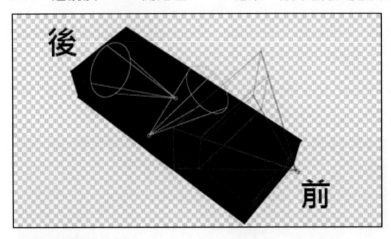

(4) 體積光與標題動態效果：

◆ 建立 300*800px Composition，套用「Fractal Noise」和「Linear Wipe」製作體積光，以強化整體情境感。

◆ 使用「CC Particle World」模擬環境塵埃，且須伴隨體積光顯現。

◆ 利用 **title.png** 製作洋紅與水藍兩色螢光標題字外框線，以亂數抖動方式與標題字疊合，效果請參考展示檔。

體積光

(5) 調色與輸出：

◆ 透過調整圖層降低畫面色彩飽和度，轉換為冷色調，同時增強對比。

◆ 輸出 02:00 至 14:00 成影片於 C:\ANS.CSF\AE01 目錄，Format：H.264 並命名為 **AEA01.mp4**。

4.評分項目：

設計項目	配分	得分
(1)	5	
(2)	30	
(3)	30	
(4)	20	
(5)	15	
總分	100	

108 穿越雲霧　　　□易 □中 ☑難

1.題目說明：

將提供的影像圖檔，轉為影像專案素材，完成範例所示之動態立體空間鏡頭。
本題著重於 After Effects 之 3D 動態與影像氛圍合成技巧之綜合演練，注重
相關技術與觀念的熟練。

2.作答須知：

(1) 請建立一新文件進行設計。完成結果儲存於 C:\ANS.CSF\AE01 目錄，檔
案名稱請定為 **AEA01.aep**。

(2) 指定元件及素材請至 Data 資料夾開啟。

(3) 完成之檔案效果，需與展示檔 **Demo.mp4** 相符。

(4) 除「設計項目」要求之操作外，不可執行其它非題目所需之動作。

3.設計項目：

(1) 請設定版面為 1920*1080px、Square Pixels、24fps、16bit、Resolution：
Full、時長 72 格。

(2) 置入檔案並建立攝影機：

◆ 置入 **Blue_sky.jpg**、**Cloud.jpg**、**Floor.png** 及 **Mountain.png**，縮放大小，分別 Pre-compose 並開啟 3D 圖層，編排至適當場景位置。

◆ 調整雲朵圖層，將黑色背景去除，並使用「Brightness&Contrast」濾鏡調整亮度，再設定下方漸層至透明。

◆ 建立攝影機，Focal Length：50.00mm，調整 YZ 軸角度，以 dolly in 方式運鏡從第 0 格至第 72 格，效果請參考展示檔。

(3) 素材調色：

◆ 使用調色工具將地板、遠山、天空調整為陰暗且烏雲密布的色調。

◆ 使用 Solid 套用「Circle」及「Fast Box Blur」特效，替畫面左右兩側染上紅色及藍色光暈，再使用 Solid 與 Mask 將遠山與地板交界處地平線模糊化。

◆ 使用 Adjustment Layer 加入「Levels」濾鏡調整畫面整體色調，效果請參考展示檔。

(4) 製作動態效果：

◆ 複製共 7 層雲朵，依 Z 軸適當縮放排列，使其在攝影機的前進過程中層層穿越。

◆ 背景天空透過亮度上的變化，在第 27 格至第 35 格間製作左右兩側閃電，形成雲層上的悶雷效果。

◆ 地板、天空、遠山加上放射狀模糊效果，加強攝影機穿越的速度感，效果請參考展示檔。

(5) 輸出第 0 格至第 72 格的影片於 C:\ANS.CSF\AE01 目錄，Format：H.264 並命名為 **AEA01.mp4**。

4.評分項目：

設計項目	配分	得分
(1)	5	
(2)	20	
(3)	30	
(4)	35	
(5)	10	
總分	100	

109　片頭設計-嗡嗡嗡　　　□易　□中　☑難

1.題目說明：

運用已完成的 Shape Layer 元素，依要求製作角色動畫。成就豐富的畫面，並非僅止於平面圖像上的呈現，還需考慮畫面中的視覺元素在動態表演中的潛在可能性，以賦予作品更多生命力。

2.作答須知：

(1) 請至 C:\ANS.CSF\AE01 目錄開啟 **AED01.aep** 設計。完成結果儲存於 C:\ANS.CSF\AE01 目錄，檔案名稱請定為 **AEA01.aep**。

(2) 指定元件及素材請至 Data 資料夾開啟。

(3) 完成之檔案效果，需與展示檔 **Demo.mp4** 相符。

(4) 除「設計項目」要求之操作外，不可執行其它非題目所需之動作。

3.設計項目：

(1) 新增主場景 Composition 為 1280*720px、Square Pixels、24fps、Resolution：Full、時長 13 秒，命名為「main」。

(2) 花朵動態：

 ◆ 開啟「daisy」版面，完成花瓣中間灰色放射狀花紋，以及中央黃色花蕊。

 ◆ 製作花瓣與梗的深綠色雜訊內陰影，及花蕊的咖啡色雜訊內陰影。

 ◆ 製作花朵搖曳動態，花朵與梗的擺動需分別設定，同時注意透視變化。以 2 秒為週期，用表達式使動畫循環，效果請參考展示檔。

(3) 蜜蜂動態：

 ◆ 開啟「Bee」版面，用提供的 Shape Layer 元素製作動態。蜜蜂兩對翅膀（「Ff_wing」、「Fb_wing」、「Bf_wing」、「Bb_wing」圖層）皆需有快速拍動動態，以 4 幀為週期。

 ◆ 蜂腳需有層次的擺動，並製作 14 幀眨眼動態，每隔 34 幀眨眼一次。

 ◆ 增加橘紅色嘴巴，於 11:20 至 12:15 製作嘟嘴親吻動態。並於蜜蜂身體下半部製作橘紅色陰影，賦予立體感。

◆ 製作蜜蜂滯空起伏晃動,並在 08:13 至 09:10 使頭部左右擺動最後看向正前方,眼睛、嘴巴、觸鬚皆跟隨頭擺動的方向移動,並有透視變化,效果請參考展示檔。

(4) 主場景動態之畫面布局與鏡頭效果:

◆ 開啟「main」版面,製作漸層背景,上方至下方為黃色漸層至藍色,並提高明暗差距、增加對比。

◆ 擺放四朵花,前後交錯排列,並錯開動態時間。

◆ 製作蜜蜂的移動動態。蜜蜂自畫面左邊飛進場,停留畫面中三個地點,皆停留 30 幀,於 04:15 開始飛至鏡頭前方停留,並做出明顯的慣性移動效果。

◆ 新增 Focal Length 為 50mm 的攝影機,開啟景深效果,一開始聚焦於最前方花朵,待蜜蜂飛至鏡頭前方後,聚焦於蜜蜂,效果請參考展示檔。

(5) 調色與輸出：

- ◆ 輸出 00:00 至 13:00 成影片於 C:\ANS.CSF\AE01 目錄，Format：H.264
  並命名為 **AEA01.mp4**。

4.評分項目：

設計項目	配分	得分
(1)	10	
(2)	20	
(3)	30	
(4)	30	
(5)	10	
總分	100	

110　月台上的老人　　　　　　□易　□中　☑難

1.題目說明：

將提供的向量圖檔，轉為動畫專案素材，完成範例所示之補間動畫鏡頭。本題著重於 After Effects 之動態與 Classic 3D 合成技巧之綜合演練，注重相關技術與觀念的熟練。

2.作答須知：

(1) 請建立一新文件進行設計。完成結果儲存於 C:\ANS.CSF\AE01 目錄，檔案名稱請定為 **AEA01.aep**。

(2) 指定元件及素材請至 Data 資料夾開啟。

(3) 完成之檔案效果，需與展示檔 **Demo.mp4** 相符。

(4) 除「設計項目」要求之操作外，不可執行其它非題目所需之動作。

3.設計項目：

(1) 請設定版面為 1280*720px、Square Pixels、24fps、Resolution：Full、時長 10 秒。

(2) 置入檔案並建立攝影機：

- 置入 **passenger.ai**、**train station.ai**、**train.ai** 及 **tree.ai**，參考展示檔縮放編排至適當位置。

- 將所有向量檔素材建立 3D Layer 並拉開前後距離。

- 攝影機 Focal Length：20mm，以 dolly move 方式運鏡從 01:00 至 08:00，並開啟景深模式，運鏡開始對焦於近景樹枝，運鏡結束對焦於月台上老人，效果請參考展示檔。

01:00

08:00

(3) 製作陰影：

◆ 製作月台地面、月台外側帶有黃黑斜紋警示線的牆與模糊邊緣的太陽。

◆ 分別製作場景打光並帶有陰影效果，包含月台整體光影、月台向下投攝之聚光燈、車站文字光影以及太陽向月台上老人照攝的光影，效果請參考展示檔。

(4) 製作動態效果：

◆ 複製列車並將兩圖層並排成一輛於 02:00 至 04:00 駛過月台，移動時需有殘影。

◆ 近景樹枝製作相對的動態，在列車駛過時上下擺動兩次，並有一片葉子在擺動後掉落。

◆ 月台老人左右擺動身軀並眨眼，效果請參考展示檔。

(5) 調整整體畫面色調，降低飽和度並加強明暗對比，效果請參考展示檔。

(6) 輸出 01:00 至 10:00 成影片於 C:\ANS.CSF\AE01 目錄，Format：H.264 並命名為 **AEA01.mp4**。

4.評分項目：

設計項目	配分	得分
(1)	5	
(2)	20	
(3)	30	
(4)	30	
(5)	5	
(6)	10	
總分	100	

CHAPTER 4

系統安裝及操作說明

4-1 練習系統安裝及操作

4-2 測驗系統安裝及操作

4-3 範例試卷題目

4-1 練習系統安裝及操作

4-1-1 練習系統安裝流程

步驟一

執行附書系統,選擇「TQCP_CAI_AE1&AD1_Setup.exe」開始安裝程序。
(附書系統下載連結及系統使用說明,請參閱「如何使用本書」)

步驟二

在詳讀「授權合約」後,若您接受合約內容,請按「接受」鈕繼續安裝。

步驟三

輸入「使用者姓名」與「單位名稱」後,請按「下一步」鈕繼續安裝。

步驟四

可指定安裝磁碟路徑將系統安裝至任何一台磁碟機,惟安裝路徑必須為該磁碟機根目錄下的《TQCPCAI.csf》資料夾。安裝所需的磁碟空間約 265MB。

步驟五

本系統預設之「程式集捷徑」在「開始/所有程式」資料夾第一層,名稱為「TQC+認證範例題目練習系統」。

步驟六

安裝前相關設定皆完成後,請按「安裝」鈕,開始安裝。

步驟七

待安裝完成之後,安裝程式會詢問您是否要進行版本的更新檢查,請按「下一步」鈕。建議您執行本項操作,以確保「TQC+ 認證範例題目練習系統」為最新的版本。

步驟八

接下來進行線上更新,請按「下一步」鈕。

步驟九

完成「TQC+ 認證範例題目練習系統」更新後,請按下「關閉」鈕。

步驟十

安裝完成!您可以透過提示視窗內的客戶服務機制說明,取得關於本項產品的各項服務。按下「完成」鈕離開安裝畫面。

4-1-2 題目練習系統操作程序

一、本項認證屬於專業技能（術科），採用操作題方式，關於操作題之練習流程，如下圖所示：

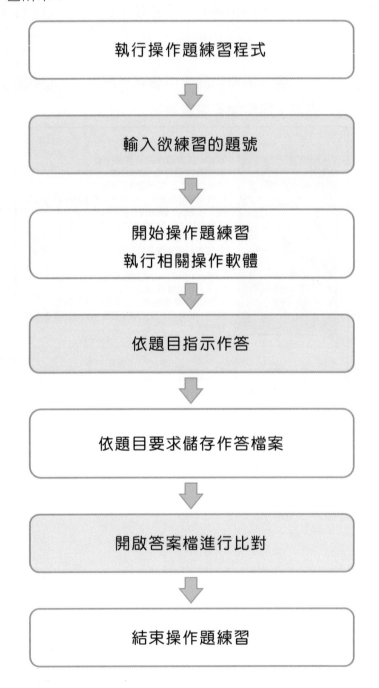

二、詳細的操作步驟及系統畫面，說明如下：

步驟一

執行「開始/所有程式/TQC+ 認證範例題目練習系統/TQC+ 認證範例題目練習系統」程式項目。

步驟二

此時會開啟「TQC+ 認證範例題目練習系統 單機版」，請點選功能列中的「操作題練習」鈕。

步驟三

在「操作題練習」窗格中，選擇欲練習的科目、類別、題目後，按「開始練習」鈕。系統會將您選擇的題目作答相關檔案，一併複製到「C:\ANS.csf」資料夾之中。參考答案檔存放於「C:\STD.csf\類別」資料夾之中。

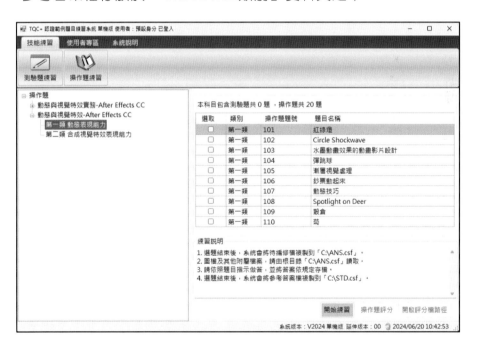

步驟四

系統會再次提示您，題目作答所需的待編修檔已複製到「C:\ANS.csf」資料夾，參考答案檔存放於「C:\STD.csf」資料夾，請按「確定」鈕開始練習。

步驟五

接著系統會自動開啟「ANS.csf」資料夾，「ANS.csf」資料夾中會有題目的類別資料夾，如選擇第一類則資料夾名稱為「AE01」，第二類資料夾名稱則是「AE02」。

步驟六

在類別資料夾中則會有本次練習所選擇的檔案，請依題目指示開啟檔案進行練習。

4-2 測驗系統安裝及操作

4-2-1 TQC+ 認證測驗系統-Client端程式安裝流程

步驟一

執行附書系統,選擇「T5 ExamClient 單機版_AE1&AD1_Setup.exe」開始安裝程序。

(附書系統下載連結及系統使用說明,請參閱「如何使用本書」)

步驟二

在詳讀「授權合約」後,若您接受合約內容,請按「接受」鈕繼續安裝。

步驟三

輸入「使用者姓名」與「單位名稱」後,請按「下一步」鈕繼續安裝。

步驟四

可指定安裝磁碟路徑將系統安裝至任何一台磁碟機,惟安裝路徑必須為該磁碟機根目錄下的《ExamClient(T5).csf》資料夾。安裝所需的磁碟空間約 83MB。

步驟五

本系統預設之「程式集捷徑」在「開始/所有程式」資料夾第一層,名稱為「CSF技能認證體系」。

步驟六

安裝前相關設定皆完成後,請按「安裝」鈕,開始安裝。

步驟七

以上的項目在安裝完成之後,安裝程式會詢問您是否要執行版本的更新檢查,請按「下一步」鈕。建議您執行本項操作,以確保「TQC+認證測驗系統-Client端程式」為最新的版本。

步驟八

接下來進行版本的比對,請按「下一步」鈕。

步驟九

更新完成後,請按下「關閉」鈕。

步驟十

安裝完成!您可以透過提示視窗內的客戶服務機制說明,取得關於本項產品的
各項服務。按下「完成」鈕離開安裝畫面。

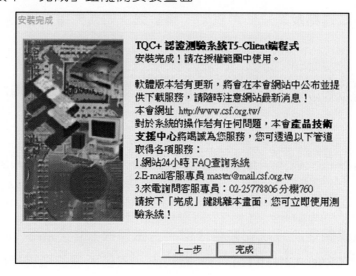

4-2-2 程式權限及使用者帳戶設定

一、本項認證屬於專業技能（術科），採用操作題方式，關於操作題之練習流程，如下圖所示：

步驟一

步驟一： 於「TQC+ 認證測驗系統 T5-Client 端程式」桌面捷徑圖示按下滑鼠右鍵，點選「內容」。

步驟二

選擇「相容性」標籤，勾選「以系統管理員的身分執行此程式」，按下「確定」後完成設定。

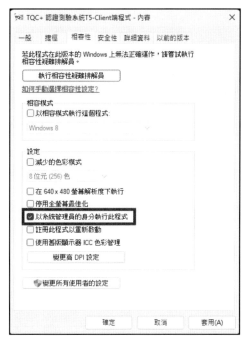

註：若要避免每次執行都會出現權限警告訊息，請參考下一頁使用者帳戶控制設定。

二、使用者帳戶控制設定方式如下：

步驟一

點選「控制台/使用者帳戶/使用者帳戶」。

步驟二

進入「變更使用者帳戶控制設定」。

步驟三

開啟「選擇電腦變更的通知時機」，將滑桿拉至「不要通知」。

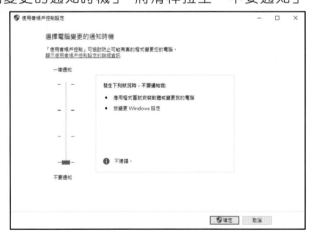

步驟四

按下「確定」後，請務必重新啟動電腦以完成設定。

4-2-3 測驗操作程序範例

在測驗之前請在官網熟讀「測驗注意事項」，瞭解測驗的一般規定及限制，以免失誤造成扣分。

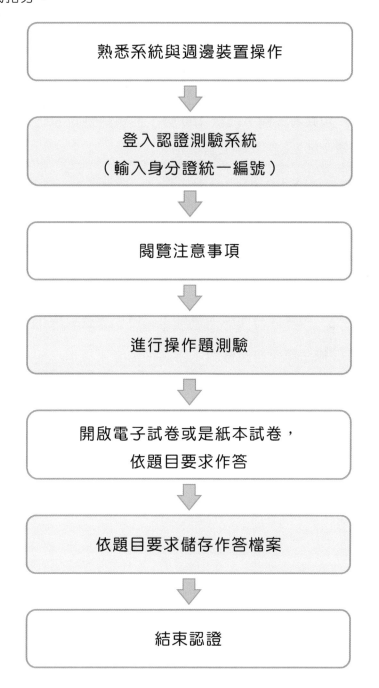

測驗注意事項

一、動態與視覺特效 After Effects CC：

操作題第一至二類各考一題共兩題，第一題 50 分、第二題 50 分，總計 100 分。於測驗時間 60 分鐘內作答完畢並存檔完成，成績 70 分（含）以上者合格。

二、動態與視覺特效實務 After Effects CC：

操作題第一類共考一題，總計 100 分。於測驗時間 60 分鐘內作答完畢並存檔完成，成績 70 分（含）以上者合格。

三、執行桌面的「TQC+ 認證測驗系統 T5-Client 端程式」，請依指示輸入：

1. 試卷編號，如 AE1-0001，即輸入「AE1-0001」。

2. 進入測驗準備畫面，聽候監考老師口令開始測驗。

3. 測驗開始，測驗程式開始倒數計時，請依照題目指示作答。

4. 計時終了無法再作答及修改，請聽從監考人員指示。

四、聽候監考人員指示。有任何問題請舉手發問，切勿私下交談。

測驗操作演示

現在我們假設考生甲報考的是動態與視覺特效實務 After Effect CC，試卷編號為 AE1-0001。

（註：本書「Chapter 4」中，內含範例試卷可供使用者模擬實際認證測驗之情況，登入系統時，請以本書所提供之試卷編號作為考試帳號，但實際報考進行測驗時，則會使用考生的身分證統一編號，請考生特別注意。）

步驟一

開啟電源，從硬碟 C 開機。

步驟二

進入 Windows 作業系統及週邊環境熟悉操作。

步驟三

執行桌面的「TQC+ 認證測驗系統 T5-Client 端程式」程式項目。

步驟四

請輸入測驗試卷編號「AE1-0001」按下「登錄」鈕。

步驟五

請詳細閱讀「測驗注意事項」後，按下「開始」鍵。

步驟六

此時測驗程式會在桌面上方開啟一「測驗資訊列」，顯示本次測驗剩餘時間，並開啟試題 PDF 檔。請自行載入軟體工具，依照題目要求讀取題目檔，依照題目指示作答，並將答案依照指定路徑及檔名儲存。

步驟七

點選「測驗資訊列」窗格中的「開啟試題資料夾」鈕，系統會自動開啟題目檔存放之 ANS.csf 資料夾，ANS.csf 資料夾內含各題的題目資料夾，第一題的檔案在 AE1 資料夾之內。

步驟八

點選「測驗資訊列」窗格中的「結束測驗」鈕後，系統會再次提醒您是否確定要結束操作題測驗。

註： 1.提早作答完成並存檔完畢後，請完全跳離開啟的軟體工具後，再按「是」鈕。

2.若無法提早作答完成，請務必在時間結束前將已完成之部分存檔完畢，並完全跳離開啟的軟體工具。

步驟九

由於本項測驗為人工評分，故不會顯示作答成績，請按下右上角【X】關閉本次練習。

4-3 範例試卷題目

試卷編號：AD1-0001

一、紅綠燈

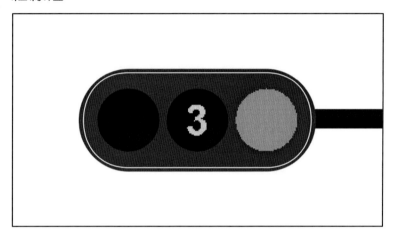

本題設計目的在於掌握 After Effects 中基本圖層、文字圖層與特效的運用，了解圖層裁切操作，與 Pre-compose 增加合成效率，使用 Toggle Hold Keyframe 設定動態完成一段精確的紅綠燈動畫。

※詳細題目請查詢：2-2 動態表現能力題庫 101

二、後製效果技巧

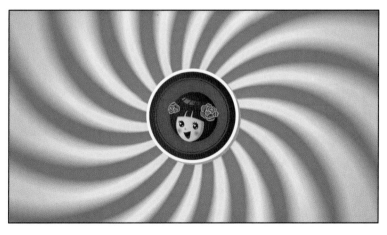

導入序列檔案進行設定以產生停格動畫背景的效果，將素材以父子關係的方式設定，使之動態產生對應的變化，並藉由音樂轉換成關鍵影格的方式，設定素材的 Expression，自動產生大小對應音樂大小聲音的動態，最後並加上特效濾鏡讓背景動態更加豐富。

※詳細題目請查詢：2-3 合成視覺特效表現能力題庫 201

4-3-2 TQC+ 動態與視覺特效實務After Effects CC

試卷編號：AE1-0001

一、熔岩燈

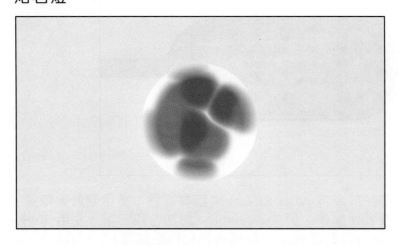

本題設計目的在於掌握 After Effects 中隨機運動表達式、複合式特效操作，了解遮罩與圖層特效及混合模式使用，製作出具立體感的漸層熔岩燈效果。

※詳細題目請查詢：3-2 動態與視覺特效設計綜合能力題庫 101

附錄

問題反應表

親愛的讀者：

　　感謝您購買「動態與視覺特效認證指南 After Effects CC」，雖然我們經過縝密的測試及校核，但總有百密一疏、未盡完善之處。如果您對本書有任何建言或發現錯誤之處，請您以最方便簡潔的方式告訴我們，作為本書再版時更正之參考。謝謝您！

讀　　　　者　　　　資　　　　料			
公　司　行　號		姓　名	
聯　絡　住　址			
E-mail Address			
聯　絡　電　話	（O）	（H）	
應用軟體使用版本			
使　用　的　P　C		記憶體	
對　本　書　的　建　言			

勘　　　誤　　　表		
頁　碼　及　行　數	不當或可疑的詞句	建議的詞句
第　　　頁		
第　　　行		
第　　　頁		
第　　　行		

覆函請以E-Mail或逕寄：

E-Mail：master@mail.csf.org.tw
TEL：(02)25778806 轉 760
地址：台北市105八德路三段32號8樓
　　　中華民國電腦技能基金會 教學資源中心 收

TQC+ 動態與視覺特效認證指南 After Effects CC

作　　者：陳淏煬 / 財團法人中華民國電腦技能基金會
企劃編輯：郭季柔
文字編輯：王雅雯
設計裝幀：張寶莉
發 行 人：廖文良

發 行 所：碁峰資訊股份有限公司
地　　址：台北市南港區三重路 66 號 7 樓之 6
電　　話：(02)2788-2408
傳　　真：(02)8192-4433
網　　站：www.gotop.com.tw
書　　號：AEY044700
版　　次：2024 年 10 月初版
建議售價：NT$650

國家圖書館出版品預行編目資料

TQC+動態與視覺特效認證指南 After Effects CC / 陳淏煬, 財團法
　人中華民國電腦技能基金會編著. -- 初版. -- 臺北市：碁峰資訊,
　2024.10
　　面；　公分
　ISBN 978-626-324-938-7(平裝)
　1.CST：多媒體　2.CST：數位影像處理　3.CST：電腦動畫
312.8　　　　　　　　　　　　　　　　　　　113015283